学前教育新形态教材

学前儿童行为观察与指导

主　编　王启银　黄　胜
副主编　李国栋　崔慧慧　罗菊珍　刘　容
编　委　韦秋燕　杨　子　龙仕琴　王启莲
　　　　李雪梅　申友银

西南大学出版社
SWUP
国家一级出版社　全国百佳图书出版单位

图书在版编目(CIP)数据

学前儿童行为观察与指导 / 王启银, 黄胜主编. -- 重庆 : 西南大学出版社, 2024.5

ISBN 978-7-5697-2347-2

Ⅰ. ①学… Ⅱ. ①王… ②黄… Ⅲ. ①学前儿童－行为分析－教材 Ⅳ. ①B844.12

中国国家版本馆CIP数据核字(2024)第095955号

学前儿童行为观察与指导

XUEQIAN ERTONG XINGWEI GUANCHA YU ZHIDAO

主 编 王启银 黄 胜

总 策 划:杨 毅 曾 文
执行策划:熊家艳 尹清强
责任编辑:周明琼
责任校对:杨景罡
装帧设计:魏显锋
排 版:贝 岚
出版发行:西南大学出版社(原西南师范大学出版社)
地 址:重庆市北碚区天生路2号
邮 编:400715
电 话:023-68868624
印 刷:重庆紫石东南印刷有限公司
成品尺寸:185 mm×260 mm
印 张:14.75
字 数:308千字
版 次:2024年5月 第1版
印 次:2024年5月 第1次印刷
书 号:ISBN 978-7-5697-2347-2
定 价:58.00元

序

学前教育是终身教育的开端,关系亿万儿童的健康成长、千家万户的切身利益、国家和民族的未来。百年大计,教育为本;教育大计,教师为本。促进学前教育健康发展,关键在于建设一支高素质的幼儿园教师队伍。2018年中共中央、国务院出台的《关于全面深化新时代教师队伍建设改革的意见》指出:“教师承担着传播知识、传播思想、传播真理的历史使命,肩负着塑造灵魂、塑造生命、塑造人的时代重任,是教育发展的第一资源,是国家富强、民族振兴、人民幸福的重要基石。”

培养高素质的幼儿园教师,加强课程和教师队伍建设是基础。2019年国务院印发的《国家职业教育改革实施方案》提出了完善国家职业教育制度体系、构建职业教育国家标准、建设多元办学格局等一系列的任务。其中,教材是育人之纲,是改革的基础,是教师实施教学改革的重要载体和有效途径。教育部等九部门印发的《职业教育提质培优行动计划(2020—2023年)》强调,实施职业教育“三教”改革攻坚任务,要完善职业教育教材规划、编写、审核、选用使用、评价监督机制。2021年教育部办公厅印发的《“十四五”职业教育规划教材建设实施方案》强调教材建设的权威性、前沿性、原创性,要打造培根铸魂、启智增慧、适应时代要求的精品教材。当前,学前教师教育教材虽然品种丰富,但是随着国家政策的调整、职业教育理念的变化及学科的飞速发展,在一定程度上存在理念落后、体系陈旧等问题。例如,以学科为中心的理论教材过剩,传统纸质教材过剩,多媒体融合的新形态教材缺少,等等。在此背景下,我们设立课题组,组织学前师范院校的知名专家学者、中高职院校一线教师、幼儿园园长及一线教师编写了这套学前教育专业“中高协同”融通教材。从总体上来看,这套教材有如下特点:

一是坚持立德树人，强化课程思政。

本系列教材的编写坚持立德树人根本任务，厚植爱国情怀，以铸就师德师魂，培养适应新时代社会发展需要的卓越幼儿园教师为目标。教材内容的选择充分体现了社会主义核心价值观，突出了学前教育在国民教育中的基础性作用。

二是全面研究设计，系统规划建设。

从研制人才培养方案着手，研究确定了人才培养要求、专业课程设置和课程标准，以及配套的课程教学资源与课程试题库、幼儿园教师资格考试试题库。

三是做实产教融合载体。

党的二十大报告指出："教育、科技、人才是全面建设社会主义现代化国家的基础性、战略性支撑。"教材内容融合了《幼儿园教育指导纲要（试行）》、幼儿园教育活动基本理论以及幼儿教师教育教学活动的实践经验，切实增强教育教学的适应性，落实产教融合。

四是实用性好、可操作性强。

本系列教材以幼儿园教育活动基本理论为基础，面向幼儿园教育活动实践，提供了大量教育活动设计的案例及评析，强调实用性及可操作性。

五是混合式教学。

本系列教材除课堂教学设计丰富以外，还加入了微课视频资源，以二维码的形式呈现在相应的知识点旁，增强了教材的趣味性，有助于学生直观、深刻地理解学习内容，更便于教师开展信息化教学，符合当前教育教学创新改革的要求。

本套教材的编写汇集了全国范围内学前教育领域的多位专家、学者、一线名师等，编写者们不辞辛苦，反复研讨，精心打磨。尽管如此，本书仍然存在一些不足，学术上的追求永无止境，我们将不懈努力，不断修正、充实与完善相关内容。我们衷心希望这一课程思政背景下的中高协同系列教材的问世，能够为当前转型期幼儿保育专业及学前教育专业的相关院校课程改革与教学工作助力，为我国幼儿保育、学前教育人才队伍建设做出应有的贡献。

前言

在幼儿成长的过程中，行为观察与分析是一项重要的内容。蒙台梭利曾说，唯有通过观察和分析，才能真正了解孩子的内心需要和个别差异，以决定如何协调环境，并采取应有的态度来配合幼儿成长的需要。善于观察幼儿并分析幼儿行为，是幼儿教师开展有效教学的前提和基础，是了解幼儿、走进幼儿世界的最有效的途径。通过对幼儿行为的观察和分析，我们可以更好地了解他们的内心世界，帮助他们更好地发展。

学前儿童行为观察指导是学前教育专业学生的必修课程之一。教材编写前，编者们认为，一方面，在同类教材中，大多是从活动中，或是从五大领域等去观察和分析幼儿的行为。以活动作为行为的载体，从这个方面去分析幼儿行为是没有问题的，但本教材的重点是直接对幼儿行为进行分析，学习者可获得直观感受。另一方面，这门课程有两种常见的倾向：一是重点介绍观察方法的运用，比如，如何制表、如何记录、如何整理资料和如何撰写观察报告等；二是将重点放在幼儿问题行为的分析上，比如，讲解和分析幼儿多动症、攻击性行为等。而我们的学生今后面对的更多的是正常幼儿，分析正常行为背后的原因和需求，并提出适宜的指导策略才是本教材的重点，但同时也需要了解常见幼儿问题行为的分析和指导。因此，在这本教材中，我们将兼顾以上问题进行编写。首先，介绍幼儿行为观察的基本概念、基本原则、意义、方法等基础知识，在此基础上详细介绍对幼儿生活常规活动中饮食、卫生、睡眠等行为的观察，以及对一日生活中幼儿的游戏行为、学习行为、社交行为的观察与分析，同时还介绍对常见幼儿问题行为的观察与分析，并且根据幼儿发展水平、个体差异、需求和兴趣等提出适宜的指导策略。

本教材由高校学前专业教师和幼儿园一线教师共同完成，由王启银、黄胜主编、统稿和修改，王启银负责项目一、项目六和项目七的编写，项目二由崔慧慧编写，项目三由李国栋编写，项目四由罗菊珍编写，项目五由刘容编写，韦秋燕、杨子、龙仕琴、王启莲、李雪梅、申友银为本教材提供了大量的观察案例和素材。

由于时间仓促和编写人员水平有限等，书中难免存在疏漏、错误和不足之处，恳请广大同行、专家、师生批评指正，以便我们改正和补充完善。

编者

2023年9月

目录

CONTENTS

项目一

幼儿行为观察概述

学习目标

知识目标

(1)了解观察中的有关注意事项。

(2)理解观察、行为、幼儿行为观察的内涵。

(3)掌握幼儿行为观察的特点和种类,观察前需要做好的相关准备。

(4)掌握观察过程中的基本原则和意义。

能力目标

能够根据观察者应具备的基本素质有目的地做好观察准备,并根据观察目的制订初步的观察计划。

职业素养目标

(1)树立科学的儿童观、评价观。

(2)具有问题意识、研究意识以及严谨的科学态度。

(3)形成良好的伦理道德意识。

(4)养成学前教育工作者的责任感和使命感。

学习重难点

学习重点

(1)理解幼儿行为观察的有关概念。

(2)掌握幼儿行为观察与分析的相关准备、基本原则和观察过程中的有关注意事项。

学习难点

掌握幼儿行为观察与分析的相关准备、基本原则和观察过程中的有关注意事项。

思维导图

- 幼儿行为观察概述
  - 幼儿行为观察的基本概念
    - 幼儿行为观察的含义
    - 幼儿行为观察的特点
    - 幼儿行为观察的种类
  - 幼儿行为观察前的相关准备
    - 理论准备
    - 技术准备
    - 心理准备
  - 幼儿行为观察的基本原则及意义
    - 幼儿行为观察的基本原则
    - 幼儿行为观察的意义
  - 幼儿行为观察需要注意的事项
    - 尽量消除观察者效应
    - 观察要遵守伦理道德
    - 克服观察的主观倾向
    - 提高观察信度和效度
    - 其他需要注意的问题

任务一

幼儿行为观察的基本概念

小杨到幼儿园实习已经有两个月了,有件事情让她很困惑,班里的小朋友都喜欢向她"告状",却很少向主班教师"告状"。在开展教育活动时,主班教师组织的活动很顺利,可是她自己组织的活动经常会受到小朋友们"告状"而影响活动正常进行,或者需要处理幼儿其他问题而导致活动不能顺畅地进行。因此,她向主班教师请教,主班教师告诉她,多观察幼儿的行为就可以找到解决办法了。

1. 分小组进行讨论:小杨具体该如何做?

2. 为做好幼儿行为观察,帮助小杨理解幼儿行为观察的基本概念,完成工作表单。

任务准备

1. 物质准备:纸张、笔、相关书籍等。

2. 经验准备:前期学前教育学的课程学习。

工作表单

工作表单1

案例分析

案例1(主班教师的观察记录)

观察对象:小明,男,4岁,中班。

观察时间:××××年××月××日,上午9:00—10:30。

观察地点:幼儿园活动室。

观察目的:评估小明在集体活动中的互动能力及社交技巧。

观察记录:在集体游戏环节,小明起初显得较为被动,不愿意主动加入其他小朋友的游戏。当老师鼓励他参与时,他表现出一定的犹豫和不安。在游戏进行一段时间后，小明开始尝试与旁边的小朋友交流，但语言较为简单，缺乏深入的互动。在活动结束前的分享环节，小明能够简单描述自己参与游戏的体验，但表情较为紧张。

分析与解读：通过观察发现，小明在集体活动中的互动能力和社交技巧有待提高。他可能需要更多的鼓励和引导，并学会与其他小朋友进行深入的交流和合作。同时，老师可以通过设置一些具体的游戏和活动来帮助小明提升这方面的能力。

案例2(小杨的观察记录)

观察对象：小红，女，4岁，中班。

观察时间：××××年××月××日，下午3:00—4:00。

观察地点：幼儿园户外活动区。

观察目的：记录小红在户外活动中的表现。

观察记录：小红在户外活动时显得非常兴奋，积极参与各种游戏和运动。她能够熟练地攀爬滑梯，并表现出一定的平衡能力。在与其他小朋友玩耍时，小红表现出友好的态度，愿意分享自己的玩具。活动结束后，小红能够自己收拾玩具，并表现出良好的秩序感。

分析与解读：通过观察发现，小红在户外活动中表现良好，展现出了一定的运动能力和社交技巧。她能够积极参与活动，与小朋友友好相处，并表现出良好的行为习惯。老师可以进一步鼓励小红参与更多的户外活动，以促进她的全面发展。

请对比主班教师和小杨的观察记录，试理解幼儿行为观察的含义，归纳总结一般观察与专业观察的区别。

工作表单2

小组讨论

结合之前学习的知识点，讨论归纳幼儿行为的内容及其特点。

幼儿行为	特点

任务分析

本任务我们将深入探讨幼儿行为观察的相关概念，如了解观察、行为的概念，以及观察的种类和特点，可以更好地开展幼儿行为观察与分析。

学习支持

一、幼儿行为观察的含义

(一)行为

目前,在心理学上对“行为”的含义尚未形成统一的界定,一般认为,行为有广义和狭义之分。狭义的行为,是指个体的一言一行、一举一动,是个体表现在外的,且能够被直接观察、描述、记录和测量的活动,比如说话、走路、唱歌、哭泣等活动都是观察过程中的行为;广义的行为,是指人的行为不只限于直接观察到的、可以看见的外在活动,还包括以外在行为为线索,从而间接推断的内在心理活动和心理过程,比如,被观察者的动机、情绪、思维、意愿、个性、态度等。被观察者接收外界刺激后,可能产生外在行为的反应,也就是外显的行为,也可能没有明显的外在行为反应,而是产生了内隐的行为,因此,观察的目的往往并不仅仅是了解外在行为,而且也要了解被观察者隐藏在内心的动机、想法,甚至潜意识。

在不同的学科和研究领域,对行为的定义和解释也会有所不同。例如,在哲学和伦理学中,行为通常涉及意图、动机和价值观念等更为复杂的概念;在经济学中,行为通常指决策制定和资源配置的过程;在计算机科学中,行为是指软件和硬件的反应和交互;在教育科学领域中,行为主要指学生在学习等教育环境中表现出的各种活动,包括言语、身体动作和思维过程。

总之,行为是一个广泛使用的概念,可以在不同的语境下有不同的含义,但通常是指有机体对外界环境刺激所做出的适应性反应。

(二)幼儿行为

幼儿行为是指幼儿在日常生活中表现出的动作、举止、语言、情绪和社交互动方式等,以及他们展现出的思维方式和情感表达。

1.幼儿行为的内容

幼儿行为是幼儿个体与外部环境互动的结果,反映了他们的情感、认知、社交和身体发展状况。幼儿行为包括以下几个方面:

第一,动作表现。幼儿通过身体动作来表达自己的意图和需求,如爬行、走路、跑动、跳跃等,也包括各种精细动作,如握笔、拼图、穿衣、进食等。

第二,情绪表达。幼儿通过面部表情、声音、姿势等方式来表达自己的情感和情绪状态,如笑、哭、生气、害怕、兴奋等。幼儿的情绪表达是他们情感发展和情绪调节的重要组成部分。

第三,语言和沟通。幼儿通过语言和非语言的方式来进行沟通和交流,包括言语表达、手势、表情等。幼儿逐渐掌握语言和沟通技巧,并能够用语言表达自己的需求、感受和想法。

第四,社交互动。幼儿与他人的交往和互动是幼儿行为的重要组成部分。幼儿通过与家人、同伴和其他成人的互动,学会分享、合作、互助、倾听和尊重他人的行为。

第五,认知发展。幼儿的认知发展表现为对周围环境的观察、探索和理解。他们通过触觉、听觉、视觉等的刺激,逐渐发展出对世界的认知能力和思维方式。

2.幼儿行为的特点

幼儿行为是多样化和动态变化的。受到个体差异、发展阶段和环境因素的影响,幼儿所表现的行为常不易被理解,它与成人的行为存在显著差异,主要体现在以下几个方面:

第一,幼儿受限于语言表达能力不足。人类语言的发展必须经历一个过程,幼儿的语言能力尚未发展完全,幼儿常受限于语言能力而无法清楚表达自己的意思,又因尚未学习写字,故也无法用文字书写自己的需求与看法,其行为常遭误解,往往只有照顾者与孩子之间能沟通,而其他人与孩子可能存在隔阂。

第二,幼儿的肢体动作未完全分化。幼儿的语言能力尚未发展完全,那我们是否可观察其肢体动作呢?问题是幼儿的肢体动作也尚未完全分化,不管是生气还是愤怒,幼儿都会躺在地上哭叫,想吃糖与想喝水的手势可能也完全一样,因此必须仔细观察其肢体动作的细节,才能理解其需求,绝不能只看其表现的动作,就仓促判断其意义。

第三,幼儿的行为易受情绪影响。从情绪的发展而言,幼儿尚不会适度控制自己的情绪,喜怒哀乐也不能准确表达,只要自己的欲求未能满足,就马上大哭起来。加上其人格发展仍处于自我中心,很难设身处地为别人设想,动不动就要与同伴发生争执,或动手打别人,每一次的表现可能一样都是面红耳赤,但背后的理由可能都不一样,我们绝不能只以其情绪表现来论断其行为。

第四，幼儿有其独特的行为模式。幼儿也和成人一样有个别差异，即使是双胞胎也常有不同的表现，不同孩子对于同一件事物的反应是不一样的。例如：有些幼儿很喜欢狗，有些幼儿却很怕狗。我们很难用相同的指标去论断每一个幼儿的行为。因此，观察者要以客观的态度去观察每一个幼儿，把每一个幼儿当作独立的个体，去发现其独特的思考方式与行为模式。

(三)观察

孩子对于世界的认识，是从观察开始的，他们会很轻易地观察到周围环境中细微的变化，以及被其他人所忽视的东西。通过观察产生十万个为什么，比如鱼为什么生活在水里？人为什么不能像鱼一样呢？火山为什么会爆发？天空为什么会有闪电？

“观察”是有目的、有计划的知觉活动，是知觉的一种高级形式。“观”，指看、听等感知行为，“察”即分析思考，观察不只是视觉过程，是以视觉为主，融其他感觉为一体的综合感知，且观察包含着积极的思维活动，因此称为知觉的高级形式。简单地说，观察就是“刺激—感觉—判断”的过程。任何工作的进行都是以观察为基础的。观察可以透过现象抓住事物的本质，还能看到事物的现在，预见事物的将来。观察是人们认识世界、获取知识的一个重要途径，也是科学研究的重要方法。

1.观察的要素

观察的过程有四个要素：

一是要有注意参与。所谓“注意”，即一个人的感官及思考聚集在某一对象上，使他的所有感官的信号接收及思考、动作的反应都针对这个对象而起作用，他会听到、看到、知觉到关系着这个对象的信息及所发生的事，可能也会因这个对象而产生一些内在想法或外在行为。

二是要有焦点和背景。我们在观察时引起注意的观察对象即是焦点，其余与观察对象有关的事物即是背景，焦点和背景的关系是相互依存的，焦点需要背景的衬托和补充，而背景则是为了突出焦点而存在的。

三是要主观介入。观察者对观察对象的一举一动，虽很客观地在观察，但由于人的内在想法因人而异，观察者的主观感受会不可避免地介入观察过程，因此，观察重要的是观察者能仔细记录过程，再加以分析、推测、归纳、整理、判断。

四是判断与结论。判断是指根据客观事实及主观想法，对观察对象的行为做出解释，每一次观察都应该有判断或是结论，没有判断的观察是不完整的观察，只能说是感官接收而已。

2. 观察的分类

观察可分为一般观察和专业观察。一般观察是我们在日常生活中的观察，即日常观察。专业观察是作为科学研究手段而进行的专业观察，需要借助仪器设备，有目的、有计划地对在自然条件下发生的行为进行系统的、连续性的观察。对幼儿的行为观察属于专业观察。因此，幼儿行为观察作为专业观察的一种，需要观察者具备一定的专业知识和技能，以确保观察的准确性和可靠性，同时能够对观察结果进行统计、分析、解释，并提出适宜的指导策略。

（四）幼儿行为观察

幼儿行为观察是研究幼儿发展过程中行为的重要工具，是通过有计划、有目的地观察幼儿在一定条件下的行为变化，并对其结果进行记录和分析，从而得出结论的一种方法。幼儿行为观察的内容很多，包括幼儿生活中的如厕行为、进食行为和睡眠行为，幼儿使用材料的建构行为，与幼儿、成人的互动社交行为，在游戏活动中的游戏行为，在阅读、画画中的学习行为以及在一日生活中的自我管理行为等。通过观察幼儿在日常生活、游戏、学习和劳动中的各种行为表现，可以分析幼儿心理发展的规律和特征等，帮助教师及家长更加了解幼儿的特点，从而更好地制订教育计划或调整教育行为，提供适应性的教育策略和有效的学习支持等。

二、幼儿行为观察的特点

（一）全面性

幼儿行为观察需要全面观察，包括幼儿的动作、表情、语言和情感等方面，以便更好地了解幼儿的发展状况和个性特点。

（二）客观性

观察者在进行幼儿行为观察时需要客观记录，避免主观臆断，应注意记录客观事实，而不是带有个人偏见进行评价。

（三）连续性

幼儿行为观察需要持续观察，不能只观察一次或几次就得出结论，应持续观察幼儿的行为，以便更好地了解幼儿的发展状况和个性特点。

（四）自然性

幼儿行为观察是在自然情境下进行的观察，是在对幼儿不加干预和控制的条件下进行的一项有目的、有计划的观察活动。

此外，幼儿行为观察还具有开放性、封闭性、选择性、非选择性等特点。

三、幼儿行为观察的种类

（一）自然观察

在自然环境下进行观察，不需要对观察环境或幼儿行为进行控制或干预。这种观察可以获得较为真实、客观的观察结果，但也可能受到观察者自身的主观影响。

（二）直接观察

直接观察是指观察者直接感知幼儿的行为或表现，如观察者直接观察幼儿的言行举止、表情神态等。直接观察具有直观、真实、准确的特点，但也可能受到观察者自身的主观影响。

（三）间接观察

间接观察是指观察者通过摄像、录像等技术手段对幼儿的行为或表现进行观察和记录。间接观察可以避免直接观察中观察者自身的主观影响，同时也可以对幼儿的行为进行长时间的跟踪观察。

（四）结构观察

结构观察是指在观察前制订详细的观察计划和制作表格，对幼儿的行为或表现进行系统性的观察和记录。这种观察方式具有系统性、条理性和计划性的特点，但也可能漏掉一些随机性的行为或表现。

（五）抽样观察

抽样观察是指从总体中抽取一定数量的样本进行观察，以样本的观察结果推论总体。抽样观察可以提高观察的效率，但需要观察者具有一定的统计学知识和技能。

（六）跟踪观察

跟踪观察是指对幼儿进行长时间的、连续的观察，以了解幼儿的行为或表现随着时间的变化而发生的变化。这种观察方式可以获得较为详尽、全面的观察结果，但需要观察者有足够的耐心和细心。

以上这些观察种类并不是完全独立的，它们可以互相结合、互相补充，以获得更为全面、准确的观察结果。

任务二

幼儿行为观察前的相关准备

针对任务一的先导案例,实习生小杨为了观察幼儿的"告状"行为,需要做好哪些准备呢?

1. 分小组进行讨论,帮助小杨做好幼儿行为观察的相关准备工作。

2. 根据前期课程学习,完成工作表单。

任务准备

1. 物质准备:纸张、笔。

2. 经验准备:学前教育相关的课程学习。

工作表单

工作表单 1

小组讨论

结合之前学习的知识点,讨论归纳常见的几种学习理论。

理论基础	理论观点
你认为还有哪些……	

工作表单2

小组讨论

结合之前学习的知识点，讨论归纳幼儿行为观察需要的技术准备及理由。

技术准备	理由
1.	
2.	
3.	
4.	
5.	
6.	
7.	

工作表单3

小组讨论

结合之前学习的知识点，讨论归纳幼儿行为观察需要的心理准备及理由。

心理准备	理由
1.	
2.	
3.	
4.	
5.	
6.	
7.	

任务分析

在本任务中我们将深入探讨幼儿行为观察需要遵循的原则、理论基础，以及幼儿行为观察需要的心理准备和技术准备。掌握这些方面的知识，对今后开展幼儿行为观察、分析和指导具有重要作用。

学习支持

凡事预则立，不预则废。观察前的充分准备是确保观察顺利进行和取得有效成果的重要前提。幼儿行为观察属于专业观察，需要认真做好充分的准备工作。作为观察者，我们要具备学前教育专业的相关理论知识，尤其要具备幼儿生理发展、心理发展和保教方面的知识，同时，还要具备观察方法方面的知识。另外，作为观察者，还需要自身做好心理准备，不受外界干扰，最大限度地确保观察结果的真实性和客观性，因此，在观察前进行相关准备工作是非常有必要的。

一、理论准备

经典的儿童发展理论对幼儿的心理和行为进行了科学的、有规律的总结，是理解幼儿行为的理论指南。作为观察者，借助儿童发展理论，可以正确地理解幼儿行为、合理地分析和科学地评价幼儿行为，并提出合适的指导策略。在幼儿行为观察过程中，我们既不能轻视儿童发展理论对我们观察和分析幼儿行为的重要作用，也不能过于重视儿童发展理论的指导作用，要结合具体实际加以分析利用，利用理论丰富知识、促进理解，运用理论支持和指导实践。

（一）心理学的理论

心理学的理论，特别是认知心理学和发展心理学的理论是幼儿行为观察的基础之一。认知心理学理论可以帮助我们理解幼儿的认知和思维过程，发展心理学理论可以帮助我们理解幼儿发展的阶段和特点，从而更好地观察和引导幼儿的行为。

（二）教育学的理论

教育学的理论，特别是学前教育学和课程论的观点也是幼儿行为观察的基础之一。学前教育学强调对幼儿进行全面的教育，课程论则强调对幼儿进行有计划、有组织的教学活动。这些理论为我们观察和引导幼儿的行为提供了重要的指导。

（三）社会学的理论

社会学的理论，特别是社会建构主义和社会学习理论的观点也是幼儿行为观察的基础之一。社会建构主义认为，幼儿是在社会和文化环境中发展的；社会学习理论则认为，幼儿是通过观察和模仿来学习的。这些理论为我们观察和引导幼儿的行为提供了重要的思路。

总的来说，幼儿行为观察的理论基础是帮助我们理解幼儿发展过程、认知方式、学习途径和教学要求的重要工具，为我们更好地观察和引导幼儿的行为提供了重要的理论基础。

二、技术准备

在观察之前，明确观察的目的和主题，有助于确定需要观察的对象、范围和重点，以及选择合适的观察方法和工具。在确定观察目的和主题后，需要制订详细的观察计划，包括观察的时间、地点、对象、方法等。同时，还要准备必要的观察工具，如记录本、录音设备、摄像机等，可以更好地记录和呈现观察结果，提高观察的准确性和效率。在观察之前，了解被观察者的背景信息和情况可以更好地理解和分析观察结果。此外，了解被观察者的个性、兴趣爱好等个人情况也有助于更好地与他们沟通和交流。总之，充分的技术准备是成功进行观察的重要保障。

（一）学习和掌握观察方法

观察幼儿的行为需要掌握一定的观察方法和技术，例如时间取样法、事件取样法、行为检核法等。这些方法可以帮助观察者更全面、准确地记录幼儿的行为。

（二）选择合适的观察工具

观察幼儿的行为需要使用一些观察工具，例如观察表、录音设备、摄像机等。这些工具可以帮助观察者记录和整理幼儿的行为。

（三）熟悉观察对象

在观察幼儿的行为之前，需要对观察对象进行了解和熟悉。这可以帮助观察者更好地了解幼儿的行为特点和发展规律。

（四）制订观察计划

在进行幼儿行为观察之前，需要制订详细的观察计划。该计划应该包括观察的目的、时间、地点、对象、方法和记录方式等内容。

（五）进行预观察

在进行正式的幼儿行为观察之前，可以进行预观察。预观察可以帮助观察者熟悉观察环境、观察对象和观察方法，并检验观察工具的有效性。

（六）注意观察的伦理问题

在进行幼儿行为观察时，需要遵守一定的伦理规范。例如：获得幼儿和家长的好感和同意，避免对幼儿造成伤害或不适，尊重幼儿的隐私和权利等。

（七）分析观察数据

在观察过程中要及时记录和分析观察到的数据，以便在观察结束后对行为进行分析和总结。

总之，技术准备是幼儿行为观察的重要环节，它不仅涉及观察的准确性和有效性，还涉及儿童的权益和安全问题。因此，在进行幼儿行为观察之前，需要做好充分的技术准备，并严格遵守伦理规范。

三、心理准备

幼儿行为观察的主体是人，人具有主观性，易受个人的成长背景、知识经验、个人价值观念、情感等方面的不同而产生不同的观察结果。因此，在观察过程中，观察者要积极调整好自己的心理状态，尽力避免自我中心、感情偏好等因素的影响，可以从以下几个方面做好心理准备：

（一）明确观察目的与任务

在开展幼儿行为观察之前，需要明确观察目的和任务。幼儿行为观察的主要目标是描述幼儿在自然条件下的行为状态或正在进行的过程，以及获取第一手资料或对研究对象进行纵向跟踪研究。只有明确了观察的目的和任务，才能有计划地进行观察。

（二）尊重与理解

观察幼儿的行为时，需要尊重他们的个性、习惯和喜好。同时，要理解他们的行为是受其自身发展阶段和能力的影响的。幼儿的心理活动具有不稳定性，其行为往往表现出偶然。因此，在观察过程中要避免对偶然性行为的误解。

（三）保持客观与中立

在进行观察时，应尽可能客观、准确地记录幼儿的行为，避免研究者个人情感的干扰。同时，也需要保持中立的态度，以便更准确地理解和分析幼儿的行为。

（四）注意观察的隐蔽性

在观察过程中，要尽量让幼儿处在自然状态，最好不让幼儿意识到自己是观察对象。这样可以减少幼儿因意识到被观察而受到的干扰，从而更准确地反映他们的真实行为。

（五）制订并遵循观察计划

制订好观察计划及记录要求等是非常重要的。这可以帮助观察者更有条理地进行观察，并确保重要的信息不会被遗漏。同时，在观察过程中，需要严格遵守观察计划和记录要求，避免出现遗漏或偏见。

（六）关注幼儿的长期发展

幼儿的发展是一个长期的过程，因此在进行行为观察时，不仅要关注幼儿眼前的行为，还要关注幼儿的长期发展。通过定期的观察和记录，可以更好地了解幼儿的成长轨迹和特点。

（七）合理利用辅助工具

在进行观察时，可以使用一些辅助工具，如摄像机、录音设备等。这些工具可以帮助观察者更全面地记录幼儿的行为，但同时也会对幼儿的行为产生一定的影响。因此，在使用这些工具时，要注意尽量避免其对幼儿行为的干扰。

总之，幼儿行为观察需要细致、耐心，以及专业和科学的方法。通过充分的心理准备和专业训练，可以更好地完成观察任务并获得准确的行为资料。

任务三

幼儿行为观察的基本原则及意义

在任务一的先导案例中,实习生小杨向主班教师请教,为什么主班教师建议小杨对幼儿进行行为观察呢?

1. 小组讨论对幼儿进行行为观察需要掌握的理论基础。

2. 小组讨论对幼儿进行行为观察的意义。

任务准备

1. 物质准备:纸张、笔。

2. 经验准备:学前教育相关的课程学习。

工作表单

工作表单 1

小组讨论

结合之前学习的知识点,讨论归纳幼儿行为观察的基本原则。

基本原则	内容

工作表单2

小组讨论

小组分析，谈谈幼儿行为观察的意义。

对于幼儿	对于家长	对于教师	对于幼儿园

任务分析

在本任务中，我们将深入探讨幼儿行为观察需要遵循的原则和意义。掌握这些方面的知识，对今后开展幼儿行为观察具有重要作用。

学习支持

一、幼儿行为观察的基本原则

（一）客观性原则

观察时要依据事先确定好的标准，基于观察到的事实，详细、准确、客观地记录和呈现幼儿的行为，避免对幼儿行为的主观解读。记录时不仅要记录幼儿行为本身，而且还要记录行为的前因后果和发生的环境条件。

（二）全面性原则

观察时要尽可能地涵盖幼儿的各种行为和表现，包括他们与同伴、教师、环境互动的行为以及独自表现的行为。因为幼儿的行为表现受到多种因素的影响，包括家庭环境、同伴关系、学习环境等因素的影响，为了更加客观准确地了解幼儿行为，需要对幼儿行为进行全面的观察，这样才能对幼儿行为有全面整体的了解，对于分析幼儿行为背后的原因有积极作用。

（三）典型性原则

典型性行为是幼儿发展过程中的重要标志。通过观察典型性行为，可以了解幼儿的发展水平、特点和优势，掌握幼儿的兴趣、偏好和需求，为进一步制订教育计划和干预措施提供依据，因此，观察时要选择幼儿典型的行为和表现进行记录和分析，以更好地反映幼儿的发展特点和规律，促进幼儿的全面发展。

（四）细心原则

观察时要细心、耐心，避免遗漏重要的信息和细节。同时，要注意观察和分析幼儿行为背后的原因和动机。

（五）职业道德和保密原则

观察时要尊重儿童的权利、安全和个人隐私，要在征得其同意下进行观察。同时，要避免将观察结果随意传播给无关的人员等。

二、幼儿行为观察的意义

生理学家巴甫洛夫的座右铭是：观察、观察、再观察。英国生物学家达尔文曾说：我既没有突出的理解力，也没有过人的机智，只是在观察那些稍纵即逝的事物，并对其进行精细观察的能力上，我可能在众人之上。蒙台梭利曾说：唯有通过观察和分析，才能真正了解孩子内心的需要和个别差异，以决定如何协调环境，并采取应有的态度来配合幼儿成长的需要。幼教实践反复证明，会观察幼儿行为，读懂幼儿行为，明白幼儿行为背后的原因和幼儿的需要，并能采取合适的策略进行指导，是幼儿教师进行有效教学的前提和基础。因此，幼儿行为观察不仅有利于幼儿的健康成长，还对家长、教师以及幼儿园有积极的作用。

（一）对于幼儿的意义

1.促进幼儿身心健康发展

幼儿行为观察可以帮助教师更好地了解幼儿的发展情况和需求，从而为幼儿提供更合适的指导和帮助，促进幼儿的身心健康发展。同时，观察也可以帮助教师及时发现幼儿的潜在问题，如情绪问题、社交问题等，并采取相应的措施解决问题，为幼儿提供更全面的教育服务。

2.培养幼儿良好的品德和行为习惯

通过观察，教师可以了解幼儿对社会、对集体、对别人、对自己的态度，从而为幼儿提供更合适的品德和行为习惯的培养和发展建议。同时，观察也可以帮助教师更好地关注幼儿的个性和特点，为幼儿提供更有针对性的指导和帮助。

3.发现幼儿的个体差异

幼儿在成长的过程中，由于受到遗传、环境、家庭教育等多种因素共同影响，在生理、心理、社会适应等多方面存在个体差异。通过观察幼儿行为表现，可以了解幼儿的兴趣、特长、学习风格和发展需求。例如，有些幼儿可能对音乐特别感兴趣，而有些幼儿则更喜欢运动。通过观察发现这些差异，针对每个幼儿的特点制订相应的教学策略。

（二）对于家长的意义

1.助力家庭教育指导

随着家长对家庭教育重要性的认识不断提高，家庭教育指导在当今社会越来越受到关注，越来越多的家长开始寻求专业的家庭教育指导。通过对幼儿行为进行观察，可以帮助家长更好地了解幼儿的需求和特点，制订更符合幼儿发展的教育策略。随着《中华人民共和国家庭教育促进法》颁布，幼儿园应向家长提供多种家庭教育指导服务和活动，促进家校共育。

2.提升亲子关系质量

当前，亲子关系存在着一些普遍问题。由于现代生活节奏加快，很多家庭因为家长工作忙碌而缺乏亲子陪伴，对孩子的行为了解不够。同时，随着互联网和社交媒体的普及，人们更多地通过电子设备进行交流，而忽略了面对面的沟通，这使得亲子关系变得疏远。通过观察幼儿的行为和表现，可以更深入地了解孩子的需求、兴趣和性格特点。这有助于家长更好地调整自己的教育方式,与孩子建立更紧密的亲子关系。

(三)对于教师的意义

1.提升保教质量和效果

幼儿行为观察可以帮助教师更好地了解幼儿的学习方式和特点,从而为幼儿提供更适合其发展的教育计划和活动。同时,观察也可以帮助教师及时发现和解决教育中存在的问题,提升教育活动的质量和效果。

2.促进教师专业发展

《幼儿园教师专业标准(试行)》对教师观察指导幼儿提出了要求,并把它作为教师专业发展的一项能力指标,要"在教育活动中观察幼儿,根据幼儿的表现和需要,调整活动,给予适宜的指导",要"掌握观察、谈话、记录等了解幼儿的基本方法和教育心理学的基本原理和方法"以及"有效运用观察、谈话、家园联系、作品分析等多种方法,客观地、全面地了解和评价幼儿"等。

3.科学准确地评价幼儿

通过观察幼儿在日常生活、游戏和科学教育活动中的表现,可以客观、真实、全面地了解幼儿在身体发展、语言表达、社会性发展等方面的发展水平以及幼儿的经验水平、学习状况和个性特点等。因此,观察是了解幼儿发展水平和学习状况最直接的方法,也是科学准确评价幼儿的重要方法之一。

(四)对于幼儿园的意义

1.增强家园共育合力

通过观察幼儿行为,可以更好地了解幼儿在家庭和幼儿园中的表现,教师能及时发现幼儿的需要、问题和发展情况,与家长进行有效的沟通并采取相应的措施,同时家长知道如何在家庭中支持和配合幼儿园的教育工作。通过共同关注孩子的成长和发展,家长和教师可以在孩子的教育问题上形成更紧密的合作关系,有助于增强教师和家长之间的信任和合作关系,从而增强家园共育合力。

2.提升幼儿园管理水平

通过观察幼儿的行为和表现,可以更好地了解幼儿的需求和问题,为幼儿园的管理提供更具体、更有针对性的建议和指导。比如,观察幼儿学习行为可以了解幼儿的学习和发展特点,为幼儿园课程设置和教学安排提供更有针对性的建议;观察幼儿的进餐行为,可以向幼儿园的管理者提出建议,加强幼儿的节约教育和环保意识。因此,通过共同关注孩子的成长和发展,教师和幼儿园管理者可以在幼儿的教育问题上形成更紧密的合作关系,为幼儿提供更全面、更个性化的教育服务和更好的成长环境。

任务四

幼儿行为观察需要注意的事项

在任务一的先导案例中，主班教师不仅建议实习生小杨对幼儿的“告状”行为进行观察，还提醒小杨在观察过程中有很多需要注意的问题。

任务准备

1. 物质准备：纸张、笔、相关书籍等。

2. 经验准备：前期学前教育学的课程学习。

工作表单

在一次音乐教育活动中，杨老师为了观察幼儿的“告状”行为，利用手机进行录像。同时，为做好家园合作，将录像的视频发在家长群，提醒家长协助解决幼儿“告状”行为。

工作表单

案例分析

请你结合前面的案例，试分析小杨在观察幼儿“告状”行为过程中，是否存在不恰当的行为。分组讨论幼儿行为观察中的注意事项，完成下表。

组别	观点
小组1	
小组2	
小组3	

任务分析

本任务我们将深入探讨幼儿行为观察时需要注意的事项。掌握这些方面的知识,对今后开展行为观察分析和指导具有重要作用。

学习支持

一、尽量消除观察者效应

观察者效应是一种由于观察者对被观察者的干扰,导致被观察者行为发生变化的现象。在幼儿行为观察中,当幼儿知道有人在观察他时,会改变自己的行为,做出不正常、不自在的反应。要尽量消除观察者效应,可以采取以下措施:首先,要尽量减少对被观察者的干扰。观察者应该尽可能避免对被观察者产生过多的影响,例如通过隐蔽观察(如单向玻璃)或者使用不被注意的观察工具来减少干扰;观察者不要急于记录观察到的情况;观察者可以预先来到观察现场,与被观察者交朋友,使被观察者没有陌生感,对观察者的活动失去兴趣后再进行观察记录;观察时最好坐到或站在不容易被幼儿看到的位置,尽量不要让幼儿发现你在“看”(观察)他。其次,观察者应该尽可能保持客观,避免主观臆断、厌倦和偏见。观察者的情绪和状态可能会对被观察者产生影响,因此观察者应该尽可能保持平静、稳定,避免过度兴奋或者疲劳等状态的影响,尽量减少观察者自身的情绪和状态的影响。同时,尽量采用标准化和量化的方法进行观察,标准化和量化的方法可以减少观察者的主观臆断和偏见,也可以提高观察的准确性和可重复性。最后,观察者应该尽可能将被观察者的行为特征作为主要关注点,而不是过度关注自己的感受和情绪反应。

总之,要消除观察者效应,需要采取一系列措施来尽量减少对被观察者的干扰,减少自身情绪和状态的影响,保持客观性,采用标准化和量化的方法进行观察以及将被观察者的行为特征作为主要关注点。

二、观察要遵守伦理道德

遵守伦理道德是幼儿行为观察中不可或缺的一个重要因素。幼儿作为独立的个体，具有平等的人格、人权和尊严等。在对幼儿行为进行观察时，不可避免地会涉及幼儿的个人隐私和安全，因此要尊重每个幼儿的个性、权利和尊严，避免对幼儿造成伤害或不适。观察中要做到以下几点：

第一，观察前应征得幼儿家长（或监护人）的许可。家长（或监护人）和幼儿自己有权拒绝被观察，因此，观察前要获得家长（或监护人）同意，必要时，可以与家长（监护人）签订协议，明确双方的权利和义务。

第二，保护幼儿的隐私和权益。观察者应该采取措施保护幼儿的隐私和权益，不泄露其个人信息和数据，不记载幼儿的真实姓名，避免对其造成不良影响。尊重幼儿的权利、安全和个人隐私。

第三，告知幼儿并获得其理解和配合。在进行幼儿行为观察时，要告知幼儿观察的目的和方法，并获得其理解和配合，以避免幼儿产生误解或不满。可以与幼儿建立良好的互动关系，让幼儿感受到被尊重和关爱。

第四，遵守相关的法律法规和伦理规范。在进行幼儿行为观察时，要遵守相关的法律法规和伦理规范，如未成年人保护法、教育法等，以保护幼儿的权益和安全。

第五，保证观察结果的客观性和公正性。在进行幼儿行为观察时，要保证观察结果的客观性和公正性，避免主观臆断和偏见，当讨论到观察见闻时，只描述现象而不加评论。同时应该对观察结果进行全面、客观的记录和分析。可以采用多种观察方法和技术，如时间取样法、事件取样法等，以获得更准确和全面的观察结果。

总之，在进行幼儿行为观察时，要遵守伦理道德原则，尊重幼儿的权利和尊严，保护幼儿的隐私和权益，告知幼儿并获得其理解和配合，遵守相关的法律法规和伦理规范，保证观察结果的客观性和公正性。

三、克服观察的主观倾向

观察的主观倾向是指观察者在进行观察时，个人观点、情感和经验等因素的干扰，可能导致观察结果受到主观因素的影响。主观倾向可能会导致观察者对观察对象产生误解或者偏见，从而影响观察结果的准确性和客观性。幼儿行为观察常常受到人的主观倾向的影响，因为人的判断都是具有主观性的，特别是观察者在观察非常熟悉的幼儿时，可能会受到自身的知识经验、对幼儿的期待等因素影响，对幼儿可能存在预期判断、主观判断。幼儿行为观察作为专业观察，要求做到客观准确，但由于人的主观性，追求绝对的客观也是不现实的，因此，我们要摒弃可能存在的已有“成见”，尽可能实事求是地、连续多次地观察记录。

要克服观察中的主观倾向，可以采取以下方法：首先，在观察幼儿行为的过程中，要尽量保持客观态度，尽量减少个人情感、偏见或先入为主观念的影响。其次，收集多方面的信息，包括不同观点、数据和证据，以获得更全面的了解。最后，要保持开放的心态，愿意接受新的观点和信息，不断调整自己的认知和观察角度。总之，要克服观察中的主观倾向，需要保持客观态度，收集多方面信息，避免偏见，尝试从对方角度思考，并保持开放心态。

四、提高观察信度和效度

在幼儿行为观察中，常有这样的疑惑：总感觉认真做的观察记录，没有用或者用处不多，观察的结论指导性不强，说服力较差，既然观察在幼儿教育中扮演着重要的角色，为何在我们的观察中，没有体现出来，也不能为指导幼儿提供有效的具体帮助呢？究其原因，主要是教师在观察中缺乏指导，整个观察过程比较随意，缺乏科学性，观察结果的可信度和说服力自然也就大打折扣了。幼儿行为观察应克服随意性，应追求观察的信度和效度。

观察信度是指观察者在观察记录或评估中对观察现象进行把握的精确程度和稳定程度。其中，精确程度指对于一些看似类似但实质有差别的行为，观察者是否可以准确把握住两者的区别，并区别对待；稳定程度指观察者在实施观察任务中，描述行为的详细程度，对行为的判定、观察者的个人状态等前后是否保持一致。同时，观察信度在主观方面还受观察者主观倾向、晕轮效应等影响，在客观方面还受观察时间、次数以及观察项目操作性定义的精确程度等影响。

观察效度是指观察所得的结论与事实的符合程度，或观察结果是否契合观察者所要了解的主题，即观察所获得的资料能够准确、真实、客观地反映被观察的社会现象和社会行为的程度，也就是我们观察的行为和现象是否可靠。它包括内容效度、描述效度和解释效度三个方面。内容效度指测验内容的有效性。在幼儿行为观察中，内容效度主要指观察工具的有效性。判断内容效度的高低，主要取决于观察表中所需要观察记录的行为项目是否与观察目标符合，是否将重要的、具有代表性的行为项目都罗列出来。描述效度指对外在可以观察到的行为进行描述的准确程度。在幼儿行为观察中，通过描述效度来判断行为观察中描述记录环节的准确程度，这就要求我们描述要准确、客观。解释效度指观察者了解、理解和表达被观察者行为被赋予意义的确切程度。在幼儿行为观察中，要求观察者能够站在幼儿的角度，从幼儿的行为和言语中，推断出幼儿的认知世界、看待世界以及建构意义的方式方法，要完全基于观察记录来评价幼儿的发展状态，不应随意解释和推断。

五、其他需要注意的问题

（一）养成主动观察的习惯

幼儿教师是有很多烦琐事务的职业，也是一个拥有专业素养的职业。幼儿教师每天需要做的事情很多，开展领域活动、联系家长、参加教研活动等，每天都被琐事占满了，没有时间对每位幼儿进行观察记录，就算做了观察记录也多是为了完成相关的教育要求，所以导致幼儿行为观察流于形式。我们都知道，观察是了解、理解幼儿的第一步，也是促进幼儿发展的关键一步，同时还是幼儿教师专业成长的重要一步，因此，观察对于幼儿、幼儿教师来说显得非常重要。有专家曾说，过去，我们习惯将学前教育专业的音乐、舞蹈和美术统称为“技能课”，这种称呼固然没有错，但并不全面，事实上，对于一个幼儿教师来说，他的第一技能，也是最重要的技能就是读懂幼儿，能够从幼儿的行为和行为变化中分析出他们的情感和需要。想要获得这种技能，就需要幼儿教师学会观察，善于观察并分析出幼儿行为背后的原因，给予适当的指导。因此，要让观察成为一种习惯。

（二）避免给幼儿贴标签

作为观察者，不要随意对幼儿的行为做判断，不给幼儿贴标签，诸如某幼儿是“捣蛋鬼”“胆小鬼”“自私鬼”“坏孩子”“好孩子”等。当幼儿的行为被贴上某个标签时，一方面，这个标签所形成的社会压力及心理压力最后会影响幼儿的自我认同，促使幼儿做出符合标签的行为，从而使这样的行为愈演愈烈。另一方面，这个标签也会严重影响我们对幼儿行为的正确判断，所以不要给幼儿贴标签，不管这个标签是正面的还是负面的。负面标签让幼儿产生羞愧感，摧毁幼儿的自我价值，而正面标签让其过度膨胀，同样摧毁了孩子的自我价值。观察者要客观记录真实现象和数据，根据专业知识科学地进行分析，公正客观地看待每个幼儿，如实记录每个幼儿的行为表现。

（三）学会下操作性定义

操作性定义，又称操作定义，是根据可观察、可测量、可操作的特征来界定变量含义的方法。下操作性定义是从具体的行为、特征、指标上对变量的操作进行描述，将抽象的概念转换成可观测、可检验的项目。从本质上说，下操作性定义就是详细描述研究变量的操作程序和测量指标，下操作性定义的过程就是将变量或指标的抽象陈述转化为具体的操作陈述的过程。简单地说，就是将抽象化的行为转化为具体化的可观测的行为指标。在幼儿行为观察中，很多时候都会对幼儿行为下操作性定义。如注意力分散——手、脚的小动作，视线看向不应该看的地方，面部表情呆滞；亲社会行为——试图满足另一个人的需要，从身体或情绪上给予支持，包括安慰、分享、帮助等。

项目评价

一、小组评价

主题	内容	优秀	良好	一般	较差	很差
学习态度	能准时参加全部课程，按时提交作业，及时查阅教师上传的学习材料	5	4	3	2	1
专业知识	了解幼儿观察的相关准备及有关理论知识等	5	4	3	2	1
研讨精神	积极参与讨论，对其他人的发言能提出合理的分析和见解	5	4	3	2	1
团队协作	能很好地融入课堂小组讨论，共同推进学习进程	5	4	3	2	1
沟通交流	能够清晰准确地表达自己的观点，与他人交流时态度语气恰当	5	4	3	2	1
人文素养	能够关注幼儿教育的相关知识，有意识地树立职业精神	5	4	3	2	1

续表

主题	内容	优秀	良好	一般	较差	很差
信息素养	会检索常见的学前教育专业文献数据库，主动阅读学前教育文献	5	4	3	2	1
实践应用	能够在实践中运用以上基础知识开展幼儿行为观察	5	4	3	2	1
自我小结						
考核结果						

二、小组讨论报告

班级：　　　　姓名：　　　　讨论日期：

一、讨论主题
二、讨论过程
三、总结与反思

项目小结

本项目主要介绍了幼儿行为观察的基本概念、基本原则、意义、注意事项和观察前的相关准备等。幼儿行为观察可以分自然观察、直接观察、间接观察、结构观察、抽样观察、跟踪观察六大类。幼儿行为观察对于幼儿、家长、教师、幼儿园都具有重要的意义，观察者在对幼儿行为进行观察时，要充分考虑其全面性、客观性、连续性、自然性等特点，并在观察前做好技术、理论、心理三方面的准备，在观察中遵循客观性原则、全面性原则、典型性原则、细心原则、职业道德和保密原则，应当注意消除观察者效应、遵守伦理道德、克服主观倾向、提高观察信度和效度等问题。通过本项目的学习，为之后的幼儿行为观察奠定了理论基础和观念基础。

实践实训

纪录片《幼儿园》片段

一、实训目的

1. 加深对已有教育学、心理学相关知识的掌握程度。

2. 在实践中能够按照观察的相关要求开展观察记录。

二、实训内容

在网上查找小艾伯特试验，小组讨论在幼儿行为观察或是幼儿行为教育研究中，为什么必须要遵守伦理道德。

推荐阅读

陈鹤琴.儿童心理之研究[M].北京：商务印书馆，2021.

项目二

幼儿行为观察与记录的方法

学习目标

知识目标

（1）了解观察方法的优缺点。

（2）理解日记描述法、轶事记录法、实况记录法、时间取样法、事件取样法、行为检核法、等级评定法的概念。

（3）掌握观察方法的操作程序。

能力目标

（1）根据实际需要，能够选用相应的观察方法开展实践研究。

（2）能够撰写客观、翔实、完整的行为观察记录。

（3）能够对观察记录进行分析，找出行为变化的规律和因果关系，为幼儿的发展评估与干预提供依据。

职业素养目标

（1）采用客观、严谨的态度，对幼儿的行为进行观察与记录，更好地了解和满足幼儿的需求，为他们提供贴心的教育环境和支持。

（2）通过不断反思，在教学实践中不断提高自己的能力和专业发展。

（3）树立正确的儿童观，尊重幼儿身心发展特点与规律，尊重幼儿个体差异。

学习重难点

学习重点

（1）理解日记描述法、轶事记录法、实况记录法、时间取样法、事件取样法、行为检核法、等级评定法的概念。

（2）掌握观察方法的操作程序。

学习难点

（1）能够采用不同的观察方法进行客观详细、严谨入微的观察并撰写记录。

（2）能够全面分析观察记录，掌握行为背后的身心发展特点和心理需求。

（3）根据观察记录和数据分析撰写精确、清晰、有针对性的观察报告。

思维导图

- 幼儿行为观察与记录的方法
  - 日记描述法
    - 日记描述法的含义
    - 日记描述法的类型
    - 日记描述法的优缺点
    - 日记描述法观察表的制作和使用
  - 轶事记录法
    - 轶事记录法的含义
    - 轶事记录法的适用情况
    - 轶事记录法的注意事项
    - 轶事记录法的优缺点
    - 轶事记录法观察表的制作与使用
  - 实况记录法
    - 实况记录法的含义
    - 实况记录法的适用情况
    - 实况记录法的注意事项
    - 实况记录法的优缺点
    - 实况记录法观察表的制作与使用
  - 时间取样法
    - 时间取样法的含义
    - 时间取样法的记录要点及步骤
    - 时间取样法的注意事项
    - 时间取样法的优缺点
    - 时间取样法观察表的制作与使用
  - 事件取样法
    - 事件取样法的含义
    - 事件取样法的适用情况
    - 事件取样法的注意事项
    - 事件取样法的优缺点
    - 事件取样法观察表的制作与使用
  - 行为检核法
    - 行为检核法的含义
    - 行为检核法的适用情况
    - 行为检核法的优缺点
  - 等级评定法
    - 等级评定法的含义
    - 等级评定法的分类
    - 等级评定法的优缺点

任务一

日记描述法

幼儿行为观察与记录的方法

小张是幼儿园的一名老师，所在幼儿园要对幼儿的身心发展，包括幼儿的感知、动作、记忆、思维、能力、情绪、意志、言语等进行持续观察和记录，以见证幼儿成长的脚步。

任务准备

1. 物质准备：幼儿行为观察与分析案例、纸和笔。

2. 经验准备：学生已具备一定的幼儿心理学、幼儿教育学理论知识，并了解到观察与记录方法的一些知识。

工作表单

工作表单

案例分析

出生40多天的彤彤，总是抬起手臂使劲把手往嘴里送，一次、两次、三次……一直不成功，便发出“哼、哼、哼”的声音。出生90天的彤彤终于能够把手送进嘴里，她开始频繁吮手指，吮完大拇指，吮食指。再大些，她会把能拿到的任何东西都送进嘴里，或咬或啃，津津有味，然后开始长牙，吃辅食，断奶，吃饭，说话……

思考：本案例从哪些方面观察幼儿的行为及其表现？

观察后采用何种观察方法进行记录？

如何对幼儿的心理与行为进行分析？

任务分析

本任务熟悉日记描述法的观察与记录方法，掌握其基本要素和特点；了解其观察与记录方法的使用场景，掌握其应用范围与注意事项。

学习支持

《托育机构保育指导大纲（试行）》指出，托育机构保育应提供支持性环境，敏感观察婴幼儿，理解其生理和心理需求，并及时给予积极适宜的回应。《幼儿园教育指导纲要（试行）》指出，关注幼儿在活动中的表现和反应，敏感地察觉他们的需要；教师运用专业知识审视教育实践，发现、分析、研究、解决问题。《学前教育专业师范生教师职业能力标准（试行）》指出，学前教育教师应掌握3～6岁幼儿身心发展特点、规律，具备观察、分析与评价幼儿行为的能力。

要理解幼儿的生理和心理需要，发现、分析、研究和解决幼儿行为方面的问题，以及对幼儿行为进行分析和评价，就需要在观察的基础之上，对幼儿的心理与行为表现进行及时、详尽的记录，通过详细的记录材料，寻找幼儿心理与行为发展的规律。

一、日记描述法的含义

日记描述法又称传记法，是指对观察对象进行长期的跟踪观察，以日记形式记录观察对象行为表现的方法，属于一种纵向观察记录方法。运用日记描述法记录的时候要详细、具体，将背景与情节阐述清楚，以便通过现象分析教育问题或规律。日记描述法是研究儿童发展问题的一种最古老的观察方法。

二、日记描述法的类型

日记描述法分为两种类型：一种是记录儿童的发展情况的综合性日记；另一种是专门记录儿童的某个特定的心理或行为的专题性日记，如专门记录儿童语言方面的发展、专门记录儿童动作方面的发展、专门记录儿童情绪情感方面的发展等。

三、日记描述法的优缺点

（一）优点

第一，日记描述法比较适用于长期观察研究及个案研究。它是在自然状态下对儿童进行观察记录，是真实可靠且具备翔实资料的。

第二，日记描述法能很好地反映儿童发展的连续性与阶段性，较为简便易行。

第三，日记描述法既能对个体不同阶段的发展状况进行对比，又能将个案的发展状况与常模进行比较，及时了解个体发展水平。

（二）缺点

第一，日记描述法往往只是针对个别或少部分儿童，研究缺乏代表性，很难从中概括出一般规律。

第二，观察记录会受观察者个人能力及主观因素的影响，难以保证记录的客观性、完整性。

第三，需要观察者进行长期的追踪记录，需要花费大量的时间和精力。

四、日记描述法观察表的制作与使用

表 2-1-1　日记描述法参考格式

年　　月　　日　　　　　　观察地点

观察对象：	性别：	出生日期：	观察者：
问题/评价/反思：			

知识拓展

【案例2-1】陈鹤琴日记描述法记录选登

一个儿童游戏的发展

82天 玩笑：现在我的小孩渐渐喜欢与人玩笑。今天早晨，他吃乳后，卧在床上。我拿一条领带与他玩，他转过头来向着我微笑，同时手臂和腿乱动。

92天 今日下午，我握着他的手抖动，并摩擦他的额角与下颌，他显出很快乐的样子，嘴巴张开着，无声地笑。

110天 喜闻声音：他正坐在他祖母的膝上，我站在他前面一尺远处鼓起掌来，他就对着我舞着手、踢着足地笑。

111天 发声谈讲：今日吃乳的时候，忽然中止，并且发出单音，同母亲谈讲。

121天 他坐在我的膝上，我忽然用两手叉住他的腰部，把他举在空中。他并不觉得快乐，且显出有些惊讶的模样，我就把他放下来。稍停，复如前把他举起来，一共举了七次，每次举止的时间和动作都大约相同。到了第三次，他就哈哈大笑，以后在每次的未举起以前，他即显出欢迎我做的样子。

在早期的自然观察中，很多教育家、心理学家都曾用日记描述法对幼儿发展进行过研究。

表 2-1-2　日记描述法使用概况

人物	国籍	作品	贡献	荣誉
裴斯泰洛齐	瑞士	《一个父亲的日记》	他是最早运用日记描述法的学者，对其子进行长达3年的日记跟踪记录	世界初等教育之父、慈爱的儿童之父
达尔文	英国	《一个婴儿的传略》	对自己孩子的表情、动作、观念等心理发展进行长期观察记录	进化论的奠基者
普莱尔	德国	《儿童心理》	在对其儿子进行观察和实验的基础上，用日记的形式记录了婴儿在心理和行为上的一些变化	科学儿童心理学的奠基人 读书标志着第一本儿童心理学教科书的诞生
陈鹤琴	中国	《儿童心理之研究》	我国最早用日记描述法观察研究的学者。他对其儿子进行808天的追踪观察，做了详尽的观察日记并拍摄几百张照片	中国现代幼儿教育的奠基人
皮亚杰	瑞士	《智力心理学》《儿童心理学》	在观察和实验的基础上进行详细记录	获得几十个名誉博士、荣誉教授称号

任务二

轶事记录法

小李是一名幼儿园老师，所在幼儿园每周五开展集体教学研讨。老师们在课后会对有价值的、有意义的幼儿行为和反应，以及可以表现幼儿个性的行为事件进行记录，并在研讨会上进行探讨，以分析幼儿的行为。

任务准备

1. 物质准备：幼儿行为观察与分析案例、纸和笔。

2. 经验准备：学生已具备一定的幼儿心理学、幼儿教育学理论知识，并了解到观察与记录方法的一些知识。

工作表单

工作表单

案例分析[①]

观察对象：中班幼儿天天。

观察时间：12月2日 11:20—11:40。

观察内容：幼儿进餐环节中的说话行为。

观察实录：天天取完餐盘后，坐在小椅子上，并没有拿勺子吃饭，而是将头偏向一侧，开始和旁边的小朋友说话："你爱吃大虾吗？今天的大虾有点小，我家里做的大虾比这个大多了！"旁边的幼儿不理他，拿着筷子夹起自己的大虾。但天天仍然不停地和旁边的幼儿讨论这个问题。忽然，天天离开座位，对老师说要去厕所小便。如厕后，他一蹦一跳地回到座位上，开始吃饭，刚吃了两口，又开始和另一边的小朋友说话了……

①于冬青.轶事记录法：抓住幼儿有价值的行为[N].中国教育报，2015-5-3.

观察分析：从观察中可以看出，在天天进餐的20分钟内，同周围幼儿说话4次，每次说话的时间为30秒至1分钟不等。该幼儿这种行为表现的原因主要有：天天是这学期刚刚从其他幼儿园转来的，以前的幼儿园没有吃饭不能聊天的要求，因此他觉得想说什么就可以说什么；天天对同伴的习惯、特点有强烈的好奇心，寻求主动交往，想以此获得同伴的认可。

教育措施：通过个别教育，帮助天天尽快学会遵守班级规则；在晨间体育活动及游戏活动中，增强天天的规则意识；与天天的家长取得联系，交流他在园中的情况，争取家长的配合，如建议家长在家庭生活中，帮助天天养成良好的进餐习惯。

思考：本案例从哪些方面观察幼儿的行为及其表现？

观察后采用何种观察方法进行记录？

如何对幼儿的心理与行为进行分析？

任务分析

本任务熟悉轶事记录法的观察与记录方法，掌握其基本要素和特点；了解此方法的使用场景，掌握其应用范围与注意事项。

学习支持

一、轶事记录法的含义

轶事记录法又称记事法，是指将观察者感兴趣的并且认为有价值的、有意义的行为和反应以及可表现被观察者个性的行为事件，随时记录下来，供日后分析用的一种观察方法。轶事可以是表现儿童个性的行为事件，也可以是反映儿童身心发展某一方面的行为事件。

轶事记录法通常不受时间、地点的限制，也不需要特殊的情境与特殊的步骤，可以在观察现场随时记录下来，也可以是事后记录。轶事记录法必须是观察者本人直接观察到的，而不是道听途说的。轶事记录往往是在事件发生后的追记，因此一定要及时记录以免受记忆误差的影响。

二、轶事记录法的适用情况

轶事记录法记录的是被观察者独特的行为或事件，通常要求观察者将被观察者的行为或事件发生的过程客观、准确、完整地记录下来，不仅要记录被观察者的行为、言谈，还要记录被观察者行为发生的背景及与之联系的其他在场幼儿的活动。记录的词句要准确、客观，如实反映情况。

运用轶事记录法开展观察研究，可以帮助教师分析幼儿的成长和发展，了解幼儿的个性特征，探讨对不同的幼儿的发展起作用的因素，便于有针对性地进行教育干预。

三、轶事记录法的注意事项

采用轶事记录法记录生活中的事件时，要注意以下几点。

(1)记录的事件是原始的:记录内容应尽可能详尽,包括事件开始、发生发展的过程及结尾,同时将事件发生的情境、原始对话准确翔实地记录下来。

(2)记录情节要完整、丰富,记录的事件应包括时间、地点、环境、场所及当时的状况等,为客观而深入地了解幼儿的行为、认识事物奠定基础。

(3)突出观察的侧重点,将观察聚焦于几种典型的行为上,并关注某些重要但不常见的事件。

(4)阐述观察者的理解与观点,分析要具体,措施要可行,使观察具有针对性和可行性。

(5)观察者的主观评价和解释与行为事实的客观描述要严格地区分,以免将客观事实与主观判断相混淆。

四、轶事记录法的优缺点

(一)优点

(1)操作上灵活方便。不受时间条件的限制,不需要特殊的情境和步骤,实施起来较为简单易行。

(2)轶事记录法能够把握重点,记录当时发生的真实情境,能够准确分析幼儿的表现,便于教师记录幼儿的行为变化。

(二)缺点

(1)轶事记录法是记录观察者认为有意义的事件,所记录的内容易受观察者主观倾向的影响。

(2)轶事记录法通常是以事后回忆的方式记录,会存在与真实情境不完全吻合的状况,影响其准确性。

五、轶事记录法观察表的制作与使用

表 2-2-1　轶事记录法简易表格

观察对象		观察时间	
观察情境			
客观记录		主观判断	

表 2-2-2　自由/区角活动轶事记录表

记录人：　　　　场地名称：　　　　日期：

时间	幼儿姓名	轶事记录

表 2-2-3　幼儿轶事记录表

活动：　　　　时间：　　　　记录人：

幼儿姓名	周一	周二	周三	周四	周五
王××					
吴××					
李××					
谢××					

注：该表格适用于多名幼儿在特定活动中的连续观察。

表 2-2-4　个别幼儿轶事记录表

观察日期:　　　　　　　　幼儿姓名:　　　　　观察者:

地点与情境描述:			
时间	轶事记录	分析	备注(进一步观察的重点)

注:该表格适用于个别幼儿,需要进行较长时间的观察。

任务三

实况记录法

梅梅和茜茜在准备技能大赛，在进行视频分析环节时，指导老师要求她们一边观看视频，一边对幼儿的行为表现，以及教师的保教行为进行详细客观的描述，待记录完成后，再对描述的事实进行解释和评价。

任务准备

1. 物质准备：幼儿行为观察与分析视频、纸和笔。

2. 经验准备：学生已具备一定的幼儿心理学、幼儿教育学理论知识，并了解到观察与记录方法的一些知识。

工作表单

工作表单

视频分析

通过观看幼儿不同活动情境和婴幼儿照护技能大赛中的视频案例，结合本节学习的观察与记录方法，采用适合的方法进行观察与记录。

撰写：观察记录报告。

分析：幼儿身心发展特点和教师保教言行，并提出建议。

任务分析

本任务熟悉实况记录法的观察与记录方法，掌握其基本要素和特点；了解其观察与记录方法的使用场景，掌握其应用范围与注意事项。

学习支持

一、实况记录法的含义

实况记录法，又称为连续记录法，指研究者详细地、完整地、翔实地记录观察对象在某一段时间内的行为及情境，然后对这些资料进行分类、分析的一种方法。实况记录的内容包括观察对象、观察对象所处的背景、人与人之间的互动、每个人所说的每句话等。在实况记录时，可以运用录音、录像等设备，将观察者的事件和行为全部摄录下来，再转化为文字进行分析。

实况记录法比轶事记录法要难一些，它是把自然发生的事件或行为在一段时间内不间断地记录下来，要求详尽准确，可以是半小时、一小时、几小时、半天，甚至一天等。通常时间为半天或一天。观察者要按事件发生发展的顺序准确地记录下来，一般来说，观察者不介入当时的情境和被观察行为之中。

二、实况记录法的适用情况

实况记录法一般在需要对某幼儿或事件进行深入了解时运用，经常用于幼儿园的教育实践，可以用于连续观察某一幼儿的行为，也可以用于连续开展某一活动。

例如，实况记录法可以对幼儿园的半日活动进行记录，即对幼儿教师如何组织幼儿的半日活动做一个连续观察记录，了解在半日活动中教师与幼儿相互作用的情况；考查教师组织活动、开展教育教学的能力；幼儿的同伴之间交往的程度等。发现存在的问题，提出解决的意见、建议以及相应的方案。

另外，实况记录法，可以对幼儿园大班幼儿与小学一年级的幼儿的一日生活做一个观察记录，比较二者之间生活、学习、游戏、交往等方面的不同之处，了解两个阶段儿童的情况，对幼小衔接的问题提供理论依据。

还可以观察某一幼儿在自由活动时间内都选择了哪些活动，在一项活动上花了多少时间，从中分析该幼儿对活动的专注程度，分析他对该活动的兴趣如何。当然，要对幼儿的行为做出准确判断需要多次追踪。

三、实况记录法的注意事项

采用实况记录法记录生活中的事件时，要注意以下几点：

(1)运用实况记录法进行观察的时间一般以1小时左右为宜，时间过短，观察资料少，时间过长，容易引起观察者疲劳。

(2)可以由多个观察者合作轮流观察，既能延长观察时间，丰富观察资料，又能避免观察者疲劳。如一位研究者曾经和他的两位同事利用实况记录法，每人观察8小时，采取“轮班倒”的方式，对69名1岁以内的幼儿在24小时内的行为变化进行了观察记录。

四、实况记录法的优缺点

(一)优点

(1)实况记录法比轶事记录法更为详细精确，可以更为深入地分析幼儿行为发生的原因、现状，在此基础上，提出解决问题的策略。

(2)实况记录法，事先不需要制订计划，也无须对观察人员进行培训，因而可以为教师广泛使用。

(3)研究人员可以运用这种观察法来检验观点，测量幼儿的发展和进行分析性研究等。

(4)实况记录法提供的信息比较翔实，可以永久保存。

(二)缺点

(1)要详尽地记录幼儿的行为表现，需要花费大量的时间和精力。

(2)对教师的观察能力和文字表达能力也提出了较高的要求。真实的、客观的、恰到好处的描述可以使人阅读或观看后如同身临其境一样，感知当时发生的事情。

(3)实况记录法要求观察者注意力高度集中，避免产生疲劳，因此，连续记录的时间为一小时左右。

五、实况记录法观察表的制作与使用

实况记录法可以是描述性的叙述，也可以用图表将结果表示出来。如用此方法对3岁幼儿的入园适应进行研究：首先，利用录像机记录幼儿入园后的行为表现，每周两次，每次20分钟，在记录表上做记录；然后，对所观察到的行为进行分类整理；最后，概括出3岁幼儿适应能力的发展特点。

表2-3-1 实况记录法观察表

<table>
<tr><td colspan="2">观察对象：</td><td>年龄：</td></tr>
<tr><td colspan="2">观察地点：</td><td>观察时间：</td></tr>
<tr><td colspan="3">观察内容：</td></tr>
<tr><th>观察时间</th><th>适应行为（描述）</th><th>解释与评价</th></tr>
<tr><td></td><td></td><td></td></tr>
</table>

任务四

时间取样法

李老师是一名乡村幼儿园教师，她准备撰写一篇幼儿行为观察与分析的研究论文，在对班上幼儿进行一周的观察后，发现吃手指的现象越来越多，并且个别幼儿的吃手频率较高。

任务准备

1. 物质准备：幼儿行为观察与分析视频、纸和笔。

2. 经验准备：学生在前置课程中已具备一定的幼儿心理学、幼儿教育学理论知识，并了解到观察与记录方法的一些知识。

工作表单

工作表单

案例分析

对小班幼儿吃手指行为及其发生频率的观察[①]

观察时间：10月12日—10月16日上午9:30—10:00。

观察对象：欢欢、婷婷、宁宁、妍妍、东东、思思。

观察方法：时间取样法。

观察目标：吃手指行为。

李老师准备从上午9:30到10:00之间，观察6名幼儿吃手指行为及其发生的频率。一共观察30分钟，平均每名幼儿将被观察5分钟。另外，为了使观察结果更加准确和具有代表性，李老师准备在一星期内重复这个观察过程3次，观察的情境有教学活动、游戏活动和生活活动，即观察结束后，每名幼儿一共有3次、每次5分钟的行为

① 孙诚. 幼儿行为观察与指导[M]. 长春：东北师范大学出版社，2014.

记录，分别是在教学活动、生活活动和游戏活动3种情境下记录的。

思考：李老师为什么仅选定6名幼儿进行观察，而不是观察班上所有吃手指的幼儿？

李老师为什么分3次（教学活动、生活活动、游戏活动中）观察幼儿的吃手指行为？

分析幼儿身心发展特点和教师保教言行，并提出建议。

任务分析

本任务熟悉时间取样法的记录方法，掌握其基本要素和特点；了解其观察与记录方法的使用场景，掌握其应用范围与注意事项。

学习支持

一、时间取样法的含义

时间取样法是以一定的时间间隔为取样标准来观察记录预先确定的观察行为是否出现以及出现次数的一种方法。观察者需要事先确定要观察的对象，然后选择在某些特定的时间段内观察某一特定行为或发生的事件，并将观察到的行为或事件记录到表格中。

时间取样法适用的范围是幼儿经常出现、容易被观察的行为。运用时间取样法，可以随机选择时间，也可以选择可能发生典型行为或事件发生相对集中的时间。时间取样法有明确的观察目的，能够对观察内容、观察过程进行较为有效的控制，在一定程度上保持研究结果的精确性和客观性。

二、时间取样法的记录要点及步骤

（一）明确观察目的，制订观察计划

需要明确观察任务是什么、观察哪些内容、观察范围多大，是观察幼儿个体还是观察集体，需要观察的时间以及场景等。

（二）确定操作定义

确定要研究行为的操作定义，对如何观察或测定某一特定行为做出具体的规定和说明。

（三）设计和编制适用的记录表格

观察前要做好大量的准备工作，记录表格的编制为其中重要的环节。记录表格要留有空白，便于记录预先未想到的其他重要信息，以及随时产生的想法和评价等，应与客观记录相区分。设计和编制记录表格的具体注意事项如下：

（1）研究所需的记录方式。要依据观察目的考虑是记录行为的呈现，还是记录有关行为的呈现频率，抑或是行为持续的时间。

（2）确定观察的时间单位，包括单位时间长度、间隔和观察次数，以及总计需要观察的次数和总的时间阶段。例如，每日1小时，对每个幼儿观察1分钟。

(3)权衡行为类型、观察时间单位、观察人数三方面因素。观察记录的内容越多,在一定时间间隔内可观察的对象就越少。如果观察的时间长度和间隔较短,人数和行为类型则不宜过多,否则会造成记忆和记录困难。通常情况下,在特定时间里,能够观察和判断的行为类型是有限的,一般不超过10类。因此,如果需要对幼儿群体进行观察时,若班级人数过多,可抽取一部分幼儿作为全班的代表。

(4)编码观察的行为或事件。建立行为类型系统,把目标行为分解为具体的行为,简化记录方式。编码可以是代表行为或事件的词语的缩略语或汉语拼音字母。

(四)保证观察信度

运用时间取样法开展观察研究,通常需要做预备性观察,培训观察人员并进行信度检验,保证观察结果是可靠和有效的。时间取样法可以由两个以上的观察者同时对某一行为进行观察,并计算观察信度,即观察的一致性。观察信度一般不得低于0.8。

三、时间取样法的注意事项

(1)时间取样法适用于发生频率较高的行为,如平均每15分钟出现一次的行为,这样能便于在确定的时间内观察到该行为。

(2)预先确定观察的目标行为,并对行为进行分类,规定操作定义,并进行编码。

(3)预先确定观察的时间结构和记录形式。

(4)根据观察目的,确定记录的具体指标,如行为的呈现、行为呈现频率或行为持续时间。

四、时间取样法的优缺点

(一)优点

(1)能够在较短的时间内获取大量信息,省时省力。

(2)在预定的时间内,观察行为是否发生、发生频率、持续时间,利用观察记录能够进行定量的统计分析,操作简便易行。

(3)因时间取样法适用于儿童外显且经常发生的行为,在学前教育研究中应用较广。

（二）缺点

研究范围受限，只适用于观察一些外显，且发生频率较高的行为或事件。对于内隐的、非外显的，如心理活动、思维活动等则不适合采用此方法。时间取样法要求研究者在事前做较多的准备工作，如要明确观察的对象，观察的行为，时间的间隔、长度，规定观察类型的操作性定义，编制好表格。

五、时间取样法观察表的制作与使用

运用时间取样法的典型研究是帕顿在20世纪20年代中期进行的一项关于学前儿童在游戏中社会参与程度的研究。帕顿观察的对象是2～5岁的儿童，根据儿童在游戏中的社会参与程度，他将游戏分为6种活动类型：无所事事、旁观、单独游戏、平行游戏、联合游戏、合作游戏，并对每一类型赋予操作意义，设计了观察量表。帕顿在规定的时间内，依次观察每个儿童1分钟。

据儿童社会参与程度，结合6种游戏类型的操作定义（见表2-4-1），判断每个儿童在这1分钟内的活动属于哪种游戏类型，记入观察记录表中（见表2-4-2）。

表2-4-1　6种游戏类型操作定义

游戏类型	操作定义
无所事事	儿童没有做游戏，只是碰巧观望暂时引起他们兴趣的事情，如没有可注视的就玩弄自己的身体，或走来走去、爬上爬下、东张西望
旁观	儿童基本上观看其他儿童的游戏，有时凑上来与正在做游戏的儿童说话，提问题，出主意，但自己并没有直接参与游戏
单独游戏	儿童独自一人游戏，只专注于自己的活动，根本不注意别人在干什么
平行游戏	儿童能在同一处玩，但各自玩各自的游戏，既不影响他人，也不受他人影响，互不干涉
联合游戏	儿童在一起玩同样的或类似的游戏，相互追随，但没有组织与分工，每人做自己想做的事情
合作游戏	儿童为某种目的组织在一起进行游戏，有领导、有组织、有分工，每个儿童承担一定角色任务并且相互帮助

表 2-4-2　时间取样法观察记录表

被试代号	无所事事	旁观	单独游戏	平行游戏	联合游戏	合作游戏
1						
2						
3						
4						
5						

例如，用该方法来评估3岁幼儿的入园焦虑状况：首先，要给予入园焦虑行为一个明确的操作性定义；接着，制订时间取样观察法记录表（参考表2-4-3），并列出入园焦虑行为的具体行为表现，如哭闹、厌食、退缩、躲避等等；然后，选择某个时间段对幼儿的行为进行观察；最后，将所收集到的观察资料进行整理分析，最终得出3岁幼儿入园焦虑的发展特点。

表 2-4-3　时间取样观察法记录表（频次）

被试	哭闹	厌食	退缩	躲避
1				
2				
3				

任务五

事件取样法

朱朱老师准备对幼儿在游戏活动期间的同伴交往行为进行研究，如分享、合作、争执、攻击等行为。在对班上幼儿进行一周的观察后，发现幼儿的争执行为比较普遍，决定对幼儿的争执事件进行研究。

任务准备

1. 物质准备：幼儿行为观察与分析视频、纸和笔。

2. 经验准备：学生在前置课程中已具备一定幼儿心理学、幼儿教育学理论知识，并了解到观察与记录方法的一些知识。

工作表单

工作表单

案例分析

“老鼠也有白颜色的！”[①]

观察地点：大班教室。

活动类型：自由游戏。

李老师正在帮男孩丁丁做他的“老鼠关在笼子里”的手工，女孩烨儿在离他们不远的图书角里看书。李老师和丁丁边做边讲话，烨儿不时抬头听他们讲话，似乎对他们做的事很感兴趣。在李老师对丁丁讲到“你在这里用黑色的蜡笔画上一只小老鼠就可以了”的时候，烨儿放下书跑过来，向老师发起了关于对老鼠颜色见解的互动行为事件。

烨儿：“李老师，老鼠不光有黑颜色的，也有白颜色的！”

① 刘晶波. 社会学视野下的师幼互动行为研究——我在幼儿园里看到了什么[M].2版. 南京: 南京师范大学出版社, 2006.

李老师听了烨儿的话，停顿了一下，随即把视线转向了趴在桌上画老鼠的丁丁。烨儿见老师没有反应，又往她身边走近一些说："老鼠不光有黑颜色的，也有白颜色的！我在爸爸的实验室里见过白颜色的老鼠！"

这一回李老师看了烨儿一眼："我们现在不说这个，你先去看你的书吧！"

烨儿悻悻地走开了。

思考：观察者观察的目标行为是什么？

对教师的保教言行进行分析，并提出建议。

任务分析

本任务熟悉事件取样法的记录方法，掌握其基本要素和特点；了解其观察与记录方法的使用场景，掌握其应用范围与注意事项。

学习支持

一、事件取样法的含义

事件取样法是研究者以特定的行为或事件为取样标准，记录某些预先确定的行为表现或事件完整过程的记录方法。事件取样法侧重的是行为发生与否、呈现频率及持续时间，事件取样法的核心在于“事件”，观察前需要预先选定要观察的行为或事件，将行为或事件发生的背景、过程及结果详细记录下来。在记录方法上，事件取样法既可以采用时间取样法的行为分类系统，也可以将这种分类系统与实况记录法的描述性记录结合起来使用。

二、事件取样法的适用情况

采用事件取样法时，观察前须选定所要观察的行为或事件，观察中要进行现场判定并将事件完整地记录下来，目的是记录下所有事件，记录下事件发生之前和发生之后有什么现象，看看事件的发生有什么模式，从而为制订有效的策略来矫正儿童的不良行为提供帮助。①

比如观察幼儿的告状事件，记录告状前发生的事件、告状的幼儿、告状时的具体行为、告状持续的时间、告状的结果如何等内容。事件取样法不受时间的限制，只要事件一出现，便可记录，且可伴随着事件的发展过程进行持续记录，可以研究多种行为和事件。事件取样法记录幼儿的行为比较详细具体，能够在自然情境中观察行为事件的全貌，有利于了解行为的发生、变化及终结，有利于分析事件的前因后果。

三、事件取样法的注意事项

(1)明确要研究的具体事件或行为，确定其操作定义。通常情况下，这些行为或事件的呈现频率应比较高，例如，幼儿的争执行为、伙伴之间的友好行为、对成人的依赖行为、幼儿的社交行为等。

(2)预备性观察，选择要研究的行为。了解这类行为或事件发生的一般状况，便于在最适当的时机和场合进行观察。例如，要观察有关幼儿的交往或游戏等行为，通

① 莎曼，等.观察儿童：实践操作指南[M].单敏月，王晓平，译.上海：华东师范大学出版社，2008.

常需要在非集体活动的时间里进行;研究幼儿的语言,通常选择有成人或其他幼儿在场的情境下进行观察。

(3)确定需要记录的资料种类与记录形式。事件取样法的记录形式较灵活,可以采用提前编码记录,也可运用叙述性记录。有时,观察者亦可编制简便适用的记录表格。

四、事件取样法的优缺点

(一)优点

(1)事件取样法是省事、省力又简便的一种方法,只记录预先确定的行为表现或事件过程,通过对样本的观察推断出行为或事件的一般情况。

(2)事件取样法不仅注意了行为和事件本身,还保留了事件发生的情节和相关的背景材料,为研究幼儿的行为和事件的发展规律提供了深层次信息。

(3)事件取样法的取样具有代表性,也可以用于观察经常出现的行为事件,也可用于研究较广泛的行为事件。

(二)缺点

(1)事件取样法与时间取样法相比,更注重的是收集定性资料,难以进行量化分析。

(2)记录时会中断行为的连续性。

(3)该方法无法记录与目标行为/事件相联系的一些过去经历,影响分析结果的真实性。

(4)仅关注预先设定好的目标行为或事件,这可能会导致在观察中忽略与目标行为相关的其他资料,进而导致遗失某些信息。

五、事件取样法观察表的制作与使用

例如,达维在20世纪30年代初进行了一项有关幼儿争执行为的研究。该研究的观察对象是幼儿在幼儿园内自由活动时间内自发产生的争执事件,观察对象是40名2~5岁的儿童,其中男童19人,女童21人,观察过程是争执事件一发生便用秒表计时,按照事先拟订好的观察记录内容填写观察记录表(见表2-5-1)。

表 2-5-1　幼儿争执事件记录表

儿童代号	年龄	性别	争执持续时间	发生背景	行为性质	做什么说什么	结果	影响
1								
2								
3								
……								

任务六
行为检核法

香香老师发现人们在购物前会将要购买的物品列出清单，并在购买后以打“√”的形式进行记录；许多人会列出每天的工作清单，并把完成的任务在清单上画掉，方便检核工作完成情况。香香老师发现在幼儿行为观察与分析方面，采用此种方法也同样很好用。

任务准备

1.物质准备：幼儿行为观察与分析视频、纸和笔。

2.经验准备：学生在前置课程中已具备一定幼儿心理学、幼儿教育学理论知识，并了解到观察与记录方法的一些知识。

工作表单

工作表单

案例分析

香香老师对幼儿在美术活动中的学习情况进行记录，并将其与学习相关的目标行为分为多项，如：项目1，能涂鸦出一些基本的形状；项目2，在一张图画中画出物体的组合；项目3，能自主选择喜欢的绘画工具；项目4，能专注地完成绘画任务；项目5，能自主选择喜欢的颜色并给作品上色。观察幼儿在美术活动中是否表现出各项行为，并在相应的“是”或“否”栏内勾选。

思考：行为检核法在什么情况下适用？有什么优点和不足？

任务分析

本任务熟悉行为检核法的记录方法，掌握其基本要素和特点；了解其观察与记录方法的使用场景，掌握其应用范围与注意事项。

学习支持

一、行为检核法的含义

行为检核法又称清单法、检测表单法，是依据一定的观察目的，预先拟订要观察的项目及其行为，对其进行操作性定义后，将一系列行为项目进行排列，形成清单式表格，标明这些项目是否出现，并做出相应记号的方法。通常来说，记录的方式从“有”或“无”、“是”或“否”、“对”或“错”中选择，以此来确定观察的行为。

二、行为检核法的适用情况

行为检核法只记录行为是否出现，并没有对行为出现的频率、行为持续的时间或行为性质等进行细致具体的描述，属于封闭式的观察方法。使用行为核验法，必须事先制订好表格，列出要观察的项目，将观察项目按照逻辑顺序或难易程度进行排列，然后才进行观察。

表 2-6-1　幼儿日常情绪检核表

项目	是	否
1.经常表现出来的情绪行为反应是积极的(高兴、快乐、活泼开朗等)?		
2.经常表现出来的情绪行为反应是消极的(沉默寡言、愁眉苦脸、表情淡漠等)?		
3.受老师批评时是否表现为无所谓?		
4.是否常出现丢脸的情绪?		
5.受到老师的表扬时，是否出现自豪愉快的表情?		
6.受到别的小孩的攻击时，是否默默承受?		
……		

表 2-6-2　幼儿日常习惯检核表

项目	幼儿1	幼儿2	幼儿3	幼儿4	……
饭前便后能够洗手					
不乱扔垃圾					
不随地吐痰					
能够保持个人卫生					
不挑食					
按时吃饭、睡觉					
不随意拿别人的东西					

三、行为检核法的优缺点

(一)行为检核法的优点

(1)观察者只需要根据事先制作好的行为检核表格,按照要求快速、有效地观察和记录行为是否出现,操作过程简单、便捷。

(2)该方法可在高效率收集资料的前提下,保证观察的效度和材料的较高量化程度,便于进行量化处理。

(3)行为检核法既可以用来诊断幼儿身心各方面的发展状况,也可以用来测量进行教育干预后的效果。

(4)该方法可以与时间取样法、事件取样法等有机结合使用。

(二)行为检核法的缺点

行为检核法只记录行为出现与否,至于这种行为是在什么情况下发生、如何发生、如何发展等,缺乏详尽的情节描述,因此,需要与其他方法有机结合使用,以弥补其不足。

任务七

等级评定法

王老师准备对幼儿在游戏活动期间的同伴交往行为进行研究，在对班上幼儿进行一周的观察后，发现幼儿在班级中受欢迎的程度不一样，于是决定对班上幼儿的同伴交往状况展开调查。

任务准备

1. 物质准备：幼儿行为观察与分析视频、幼儿行为观察案例、纸和笔。

2. 经验准备：学生在前置课程中已具备一定幼儿心理学、幼儿教育学的理论知识，并了解到观察与记录方法的一些知识。

工作表单

工作表单 1

案例分析

李老师运用“同伴提名法”来观察研究班级30名幼儿的同伴交往情况，把班级幼儿分为四类：最受欢迎（被提名25~29次）、较受欢迎（被提名20~24次）、一般受欢迎（被提名10~19次）以及不受欢迎（被提名9次以下）。根据每名幼儿被提名的次数，相应地将其划分到所属类别。

思考：等级评定法在什么情况下适用？有什么优点和不足？

工作表单2

小组讨论

对比分析七种观察与记录方法,讨论七种方法适用于哪些情境。

方法	适用情境

任务分析

本任务熟悉等级评定法的记录方法，掌握其基本要素和特点；了解等级评定法的使用场景，掌握其应用范围与注意事项。

一、等级评定法的含义

等级评定法是研究者根据一定的标准编制等级评定量表，采用等级评定量表对所观察的行为或事件进行量化评定的方法。观察者不仅可以运用等级评定量表来观察对象出现或未出现的行为，而且还可以自己决定观察对象呈现的行为等级，并评价这些行为的质量。通常是评定者根据实际情况在量表上合适的数字或相应的点上标记号。等级评定法是事后根据观察者对被观察者行为的记忆进行记录，严格说，不是一种直接的观察方法，而是一种评估方法。

二、等级评定法的分类

（一）数字等级量表

使用定义好的序列数字来表示被观察者某一行为的不同程度或类型，观察者根据观察结果选择与幼儿行为最匹配的数字进行记录。数字等级量表常常采用三点、五点或七点计分的方式。如 Rutter 儿童行为问卷的部分内容就运用了三点计分的方式。

表 2-7-1 Rutter 儿童行为问卷（父母版）

有关健康问题	等级
1. 头痛	0　1　2
2. 肚子痛或呕吐	0　1　2
3. 支气管炎或哮喘发作	0　1　2
4. 尿床或尿裤子	0　1　2
5. 大便在床上或裤子里	0　1　2
6. 发脾气	0　1　2
7. 到学校就哭或拒绝上学	0　1　2
8. 逃学	0　1　2

注：请根据孩子最近一年的行为表现，按 0、1 、2 进行三级评分。其中 0 表示从来没有，1 表示轻微或有时有，2 表示严重或经常出现。

（二）图形量表

图形量表是用一条横线来表示一个行为的程度，在横线上从左到右，依次表示行为表现由高至低或由低至高的不同程度，与数轴有些类似（见图2–7–1）。观察者可以根据幼儿的实际表现，选择与幼儿行为表现相符的点，做上标记。图形量表最大的优点在于其直观性。

图2–7–1　图形量表

图形量表还有另外一种形式，称为语义区分量表。它使用两个语义相反的形容词作为横线的两端，中间五点或七点为等级评定，要求观察者根据幼儿的行为做出判断，评定的原理相同，只是量表呈现形式有差异。图2–7–2是一份幼儿情绪评定量表，使用了七点计分。

(1)	(2)	(3)	(4)	(5)	(6)	(7)
1.温柔……						……易怒
2.平静……						……不安
3.快乐……						……忧郁
4.无畏……						……恐惧
5.兴奋……						……低落

图2–7–2　语义区分量表

（三）标准化量表

观察者根据标准化量表呈现的标准，可判断幼儿的行为表现属于哪一类型。有关幼儿各方面的发展有许多编制完善的标准化量表，观察者可以根据观察目标选择相应的量表对幼儿某方面的发展情况进行评价。表2–7–2是幼儿言语表达能力的评价表，教师可以按照“优秀、良好、中等、差”四个等级对幼儿的言语表达能力进行评价。

表 2-7-2　幼儿言语发展水平评价

项 目	优秀	良好	中等	差
别人说话时能注意听，并做出适宜的回应				
能够大方地与他人交流				
能够运用多种方式表达自己的想法与需要				
说出的话可以被他人理解				
能够主动邀请他人(如，我们一起玩过家家游戏吧)				
能够对他人的行为做出简单的评价				

(四)累计点数量表

累计点数量表是观察者先对幼儿的行为进行评分，然后将各项分数相加得到总分(如果是负向描述则相减)，以此来评定幼儿的行为。量表中每个项目的计分可以采用0.1 计分的方式，也可以采用李克特量表的计分方式。在计算得分时，应先分别核查A行行为和B行行为的得分，由于A行是正向描述，而B行是负向描述，所以总分就是A行总分减去B行总分。

表 2-7-3　幼儿情绪累计点数量

A 行	B 行
能一直保持温和状态	总是容易情绪激动、发怒
能安静合作地参与游戏活动	总是不安，需要教师单独陪伴
能积极愉快地参与幼儿园生活	总是心情低落，对任何事提不起兴趣
敢于尝试各种活动	总是害怕尝试新活动
……	……

(五)强迫选择量表

观察者运用强迫选择量表时，不管题项中是否具有完全符合幼儿行为的选项，都需要观察者在一系列描述性短语中选择最符合被观察者行为表现的一项描述。这就需要量表给出的一系列描述应尽可能包括不同程度的情况，即给出几种对幼儿不同的描述。观察者需要在这些描述中选出与幼儿行为表现最接近的一项，并且只能选择一项。比如：

请您评定幼儿分享行为：

A.拒绝分享玩具；

B.在父母的引导下，分享玩具；

C.主动分享自己的玩具。

三、等级评定法的优缺点

（一）等级评定法的优点

1.简单、方便

与行为检核法相似，等级评定法是由观察者事先准备好对幼儿行为的一系列描述，在观察记录时，只需要做简单的标记，有效避免了记录文字的麻烦，便于填写。

2.便于量化处理

由于采用固定的等级进行记录，在后续分析时可以直接采取量化的方法，对于观察者来说，操作更加方便。

3.使用范围较为广泛

它适用于对幼儿各个方面的行为表现进行观察记录。在幼儿园一日生活的各个环节以及家庭的日常生活中所体现的幼儿认知、动作、社交等各方面的发展状况，都可以使用这种方法进行评估。

4.便于发现幼儿的个别差异

教师在评定的过程中，可以掌握每一位幼儿的情况，从而能够更好地根据每个幼儿不同的身心发展特征开展教育教学活动，做到因材施教。

（二）等级评定法的缺点

1.观察者的主观评定容易造成评定结果有失偏颇

等级评定法是观察者对幼儿的行为表现进行主观判断的方法，这种主观判断容易带有观察者本人的主观偏见，从而造成评定结果的不准确。

2. 等级划分不明确，只凭主观感受

等级评定法将行为进行了等级上的划分，但是并没有明确界定哪些行为属于这一等级，而是凭借观察者的主观感受来进行判断。而不同的观察者对于这些等级的理解是不同的，这样也会影响评定的效果。

3. 等级评定法没有记录行为发生的具体内容

与行为检核法一样，等级评定法也只是在给出的行为描述后面进行标记，并没有把这个行为发生的具体情境、原因、经过和结果等细节描绘出来，这可能导致观察者了解到的信息并不全面，以至于难以进行深入的分析。

项目评价

一、小组评价

主题	内容	优秀	良好	一般	较差	很差
学习态度	能准时参加本次学习任务，并完成任务	5	4	3	2	1
专业知识	熟悉几种常用的观察与记录方法，掌握其基本要素和特点；了解几种观察与记录方法的使用场景，掌握其应用范围与注意事项	5	4	3	2	1
研讨精神	积极参与讨论，对其他人的发言能提出合理的分析和见解	5	4	3	2	1
团队协作	能很好地融入课堂小组讨论，共同推进学习进程	5	4	3	2	1
沟通交流	能够清晰准确地表达自己的观点，与他人交流时态度语气恰当	5	4	3	2	1
人文素养	能够关注幼儿行为观察与记录相关知识，有意识地树立职业精神	5	4	3	2	1
信息素养	会检索常见的学前教育文献数据库，主动阅读学前教育文献	5	4	3	2	1
实践应用	能撰写科学合理、客观严谨、详尽入微的观察记录报告；能正确全面分析视频中幼儿的身心发展特点和教师保教言行；能正确地、有针对性地提出教育建议或发展指导	5	4	3	2	1
自我小结						
考核结果						

二、小组讨论报告

班级：　　　　　　　姓名：　　　　　　　讨论日期：

一、讨论主题
二、讨论过程
三、总结与反思

项目小结

本项目主要学习了几种常见的观察与记录方法，包括其概念、基本要素与特点、优缺点、应用范围与注意事项等。其中，日记描述法、轶事记录法和实况记录法属于描述观察法，多采用描述性、记叙性的记录方式，要求观察者尽可能详细地观察、描述被观察者的行为；时间取样法、事件取样法属于取样观察法，是以行为或事件作为样本，聚焦提前确定的行为，以便观察者用计时或计次的方式来记录行为或事件。行为检核法、等级评定法属于评定观察法，观察者不仅要观察，而且还要对观察到的行为做出评定或判断。通过本项目的学习，为后续一日生活与五大领域行为观察、发展指导奠定理论基础。

直通赛证

1. 日记描述法、轶事记录法和实况记录法的内涵和优缺点分别是什么?

2. 简述事件取样法、时间取样法的观察记录要点及两种方法的区别体现在哪些方面。

3. 行为检核法、等级评定法的注意事项有哪些?

实践实训

1. 观看保教视频,正确全面分析视频中幼儿身心发展特点和教师保教言行,准确且有针对性地提出教育建议或发展指导。

2. 在幼儿园见习期间,选取2~3名幼儿,用轶事记录法对幼儿的区域游戏进行观察记录和分析。

推荐阅读

多萝西·H.科恩,等.幼儿行为的观察与记录:原著第六版[M].马燕,马希武,译.北京:中国轻工业出版社,2021.

项目三

生活活动常规中幼儿行为的观察与指导

学习目标

知识目标

(1)了解生活活动常规中幼儿行为的相关概念、内容与理论基础。

(2)掌握生活活动常规中幼儿行为的观察要点。

能力目标

(1)能够通过观察幼儿在生活活动中的行为来了解幼儿的自理能力。

(2)能够解释分析生活活动常规中的幼儿行为,并提出适宜的指导策略。

职业素养目标

(1)采用客观、严谨的态度,对幼儿的行为进行观察与记录,更好地了解和满足幼儿的需求,为他们提供贴心的教育环境和支持。

(2)通过不断反思,在教学实践中不断提高自己的能力和专业发展。

(3)树立正确的儿童观,尊重幼儿身心发展特点与规律,尊重幼儿个体差异。

学习重难点

学习重点

(1)了解生活活动常规中幼儿行为的相关概念和内容。

(2)掌握生活活动常规中幼儿行为的观察要点。

学习难点

(1)掌握生活活动常规中幼儿行为的观察要点。

(2)根据案例,学会对生活活动常规中的幼儿行为进行分析与指导。

思维导图

- 生活活动常规中幼儿行为的观察与指导
  - 生活活动常规中的幼儿行为概述
    - 幼儿生活活动常规的概述
    - 生活活动常规中的幼儿行为
    - 理论基础
  - 生活活动常规中的幼儿行为观察要点
    - 饮食
    - 卫生
    - 睡眠
  - 生活活动常规中的幼儿行为观察的解释分析
    - 环境创设是否合理
    - 活动安排是否合理
    - 幼儿的行为是否存在特殊原因
  - 生活活动常规中的幼儿行为观察的指导策略
    - 尊重生活活动中的个体差异
    - 重视生活活动的实践性
    - 注重生活活动的整合性
    - 保持与家庭、社区的积极合作

任务一

生活活动常规中的幼儿行为概述

幼儿已经睡下很久了，大部分幼儿都沉沉地睡熟了，但教师还是不断地听到有小朋友在小声地哼唱，这是谁呢？循着声音寻过去，原来是萌萌还没睡。

这种情况，教师应该如何做？

任务准备

相关文献、教材。

生活活动常规中幼儿行为的观察与分析

工作表单

工作表单

思考总结

独立思考，幼儿生活活动常规具体包括哪些行为：

饮食	卫生	睡眠

任务分析

本任务我们将深入探讨幼儿生活活动常规的相关概念，了解幼儿生活常规中的行为以及相关理论。通过理解这些方面，可以更好地开展幼儿生活活动中的行为观察与分析。

学习支持

一、幼儿生活活动常规的概述

幼儿园常规是为了确保幼儿园一切生活和教学活动顺利进行而制定的有关规定。良好的常规不仅确保幼儿有一定的自由空间，而且还要对幼儿有一定的约束。幼儿园常规主要包括三个部分，分别为生活活动常规、游戏活动常规和教育活动常规。其中幼儿园生活常规中的幼儿行为包括饮食、卫生、睡眠等方面。

幼儿园生活活动常规是幼儿在幼儿园生活活动中需要遵循的规则，不仅保证了幼儿在日常活动中形成规范性的行为活动，养成良好的行为习惯，而且能够促进幼儿规则意识的养成和人际交往能力的提升，对幼儿长远的发展有着不可替代的促进作用。

二、生活活动常规中的幼儿行为

（一）饮食

饮食是幼儿生活活动常规中非常重要的一项内容。在生活活动常规中，通过对幼儿饮食的观察、分析与指导，可以帮助幼儿学习饮食知识和养成正确的饮食习惯，掌握基本的营养知识和饮食技能。教师通过对幼儿饮食行为的观察与分析，引导幼儿形成良好的餐桌礼仪，养成合理搭配食物，细嚼慢咽，不挑食，不浪费食物等饮食习惯。

(二)卫生

卫生贯穿幼儿生活活动常规的各个方面。幼儿卫生一般包括两个方面:盥洗和如厕。幼儿盥洗包括洗手、口腔清洁、擤鼻涕、洗脸、洗毛巾等方面。通过对幼儿在盥洗方面的行为进行观察与分析,教师能够引导幼儿养成良好的卫生习惯,如勤洗手、勤换衣等。幼儿如厕包括小便和大便。通过对幼儿如厕行为的观察与分析,可以培养幼儿的如厕习惯。

(三)睡眠

睡眠是幼儿生活常规中的另一个非常重要的方面。通过睡眠,幼儿能够得到休息,体力得以恢复。教师对幼儿睡眠前、睡眠中、睡眠后的行为进行观察与分析,可以更好地掌握幼儿的状态,引导幼儿养成良好的睡眠习惯,如按时入睡、规律作息等。

三、理论基础

(一)班杜拉的社会学理论

班杜拉的社会学理论认为,幼儿可以通过模仿其他人的表现行为并观察其行为产生的后果进行学习。幼儿教师和父母可以利用幼儿模仿的这一特点,赞扬幼儿的一些规范性行为,并为幼儿起到模范带头作用,发挥榜样的力量。

(二)行为主义

行为主义理论的代表人物斯金纳强调行为的强化和塑造。他更注重对于强化的控制,即对于行为的控制,因为幼儿的行为发生变化是受强化的影响。强化对行为的发展起着举足轻重的作用。幼儿的许多行为会受到幼儿教师强化的影响,在使用强化时,可以运用普雷马克原理,即用高频活动作为低频活动的强化物,或者说用学生喜爱的活动去强化学生参与不喜爱的活动。

(三)动力定型理论

动力定型是指大脑皮层对一定的复合刺激物形成完整的自动化的反应系统。通过反复多次的练习能够达到一定的熟练程度或自动化水平,能够大大地节省人的时间和精力。动力定型的内容包括一些熟练的动作、技能、经验和生活行为习惯,可以随着条件的变化而得以构建或改造,年龄阶段越小越容易建立动力定型。

对于幼儿园的幼儿来讲,促进幼儿养成良好的生活行为习惯也是动力定型的体现。幼儿通过遵守每一条常规,经过反复多次的行为练习之后达到一定的熟练程度或自动化水平。教师需要在幼儿练习阶段依据不同幼儿的年龄阶段和接受快慢,采取一定的方法调动幼儿的积极性与参与性,使幼儿尽可能地参与到常规的构建过程中。

任务二

生活活动常规中的幼儿行为观察要点

最近张老师总是愁眉苦脸的，配班的刘老师发现后询问得知，张老师最近在发愁班级幼儿的生活活动常规不太好，但是又不知道哪里不好，不知道如何调整，所以才发愁。面对这种情况，张老师应该如何做？

任务准备

相关文献、教材、课件。

学习表单

工作表单

小组讨论

总结幼儿生活活动行为的观察要点，分析促进幼儿生活活动常规发展的方法以及影响因素。

幼儿生活活动 行为的观察要点	促进方法 （联系实际）	影响因素

任务分析

在本任务中，我们对幼儿生活活动常规中的行为观察要点以及影响因素进行探讨。掌握这些方面的知识，对于今后开展行为观察与分析和指导具有重要作用。

学习支持

想要培养幼儿良好的生活习惯和行为规范，我们需要掌握幼儿行为的发生、发展过程以及原因。

一、饮食

在幼儿园一日生活中，幼儿每天要进行早餐、加餐、午餐以及下午茶等。幼儿在进餐过程中的观察要点主要包括以下几个方面：

（一）情绪与行为

在进餐前，观察幼儿的情绪状态是否异常，例如害怕、抗拒等；幼儿的身体行为如何，是否有紧张、收敛、独自伸展的情况；是否存在异常的物理性行为，如反复触摸物品、把玩周围物品等。

（二）进餐礼仪

在进餐过程中，观察幼儿的进餐礼仪是否规范，维持就餐的正常秩序；是否有规律地进餐；是否能按照进餐步骤有条不紊地进餐等。

（三）进餐后的行为

在进餐后，观察幼儿是否能正确地收拾餐桌；是否能正确地记录自己的进餐量；是否能正确地完成剩饭的回收；是否能正确地反思自己的进餐行为，如进餐礼仪等。

（四）环境因素

观察环境是否安静，食物分量是否充足，幼儿是否能根据需要多选取一些食物等。

(五)个人习惯

观察幼儿对食物的偏好和接受程度。

(六)饮食习惯

观察幼儿是否能正确地使用餐具。

(七)进餐速度

观察幼儿是否吃得过快。吃得过快可能会影响消化和食欲。

(八)个人卫生

观察幼儿在进餐时的个人卫生习惯,比如是否会用正确的姿势和正确的嘴形吃饭,以及在饭后是否会正确地洗手。

通过以上这些观察可以了解幼儿的进餐习惯、情绪变化、社交能力等多方面的信息。

二、卫生

生活活动常规中的幼儿卫生行为观察分为两个方面,包括盥洗观察和如厕观察。

(一)盥洗

(1)观察幼儿能否在保教老师的提醒下知道饭前、便后及手脏时洗手。

(2)观察幼儿是否知道在洗手前要挽袖子。

(3)观察幼儿是否掌握正确的洗手方法。

(4)观察幼儿是否能够有秩序地洗手。

(5)观察幼儿是否能够主动漱口。

(6)观察幼儿是否能正确地漱口。

(7)观察幼儿是否有玩水、打闹的情况。

(二)如厕

(1)观察幼儿有便意时,是否会主动报告成人。

(2)观察幼儿在如厕时能否安静、有序如厕,不在厕所逗留。

(3)观察幼儿在便后能否主动冲水、洗手以及整理好衣裤。

(4)观察幼儿是否掌握擦屁股的正确方法。

(5)观察幼儿能否分辨性别如厕。

三、睡眠

幼儿的睡眠行为对于他们的成长和发育至关重要。睡眠有助于孩子的身体恢复、大脑发育、记忆力强化以及情绪调节。观察幼儿的睡眠行为可以帮助我们更好地了解他们的睡眠质量和睡眠习惯。幼儿在睡眠过程中的观察要点主要包括以下几点：

(1)幼儿的入睡时间:观察每天幼儿入睡的具体时间。观察幼儿上床后需要多长时间才能入睡。

(2)幼儿的起床时间:观察每天幼儿起床的具体时间。观察幼儿是否有固定的起床时间。

(3)幼儿的入睡过程:观察幼儿入睡前的行为和活动。例如,是否需要看书、听音乐或者跟其他小朋友说话才能入睡。观察幼儿是否需要依赖外部刺激才能入睡。

(4)幼儿的睡眠质量:观察幼儿在睡眠中是否翻身频繁或惊醒。观察幼儿是否有打呼噜、咬牙或梦游等现象。

(5)幼儿的睡眠环境:观察幼儿睡觉时的环境和条件,包括室温、光线、噪声以及床上用品的情况。

(6)幼儿的睡眠时间:观察幼儿每天的睡眠时间总量。观察幼儿是否有足够的睡眠时间。

任务三

生活活动常规中的幼儿行为观察的解释分析

幼儿园教师小张要参加一场教师交流会。在交流会上,她将和多位一线教师分享生活活动常规中的真实案例,并对生活活动常规中的幼儿行为进行分析。

任务准备

相关案例、教材、课件。

工作表单

工作表单

案例分析

一次餐前准备时,孩子们正在盥洗室洗手,突然从里面传来了争执的声音:“老师,鹏鹏推我。”老师连忙走上前去问:“怎么了?”乐乐噘着嘴,一脸不高兴地说:“这是我先抢到的,鹏鹏又来抢走了。”看来是为了洗手而发生争执了。“鹏鹏,是这样的吗?”老师问道。鹏鹏也一脸不情愿地说:“是我先洗的。”看来每个人都认为是自己先“抢”到的,不知道要排队。这时老师拿前天讲的故事《蚂蚁搬豆》来教育小朋友要像小蚂蚁们井然有序、团结合作,于是,在老师的引导下,鹏鹏先做出了让步,排在了乐乐的身后,两个小朋友也不再生气了。

1.案例中幼儿出现了哪些行为?	
2.教师发现问题后是如何做的?	

续表

3.教师的做法,优点是?	
4.如何做会更好?	

任务分析

本任务我们对案例中幼儿的行为进行探讨、分析,通过掌握这些方面的知识,对于今后开展行为观察与分析和指导具有重要作用。

学习支持

一、环境创设是否合理

物理环境既包括光线、湿度、温度、空间等,也包括教师投放的物质材料。如午睡室的光线直接影响幼儿的入睡速度,光线过强时,幼儿普遍入睡较慢;盥洗室水龙头过高或过低、水流大小不易控制,都会增加幼儿洗手的难度,而洗手照片、洗手液的合理投放则会激发幼儿洗手的兴趣。

除了物理环境外,还要注意心理环境。新入园的幼儿常表现出更多的不适应,而当感受到周围环境的安全、温暖后,他们会逐渐适应幼儿园生活,开始学习生活自理。学会吃饭、如厕、穿衣这些看似简单的事情,是幼儿走向独立的标志。安全、温馨的心理环境能帮助幼儿走好独立之路,而紧张、冷漠的氛围不仅会阻碍幼儿生活自理能力的发展,还会影响幼儿的身心健康。

二、活动安排是否合理

幼儿在生活活动中的不良行为也有可能是教师的言语不当、时间安排不合理、忽视幼儿发展程度、要求过高等因素造成的。比如,在进餐时批评幼儿,使其情绪低落,心情不好,幼儿自然食不知味,进餐速度变慢或食量减少。

生活活动贯穿于一日活动的整个过程,不是孤立存在的,其他活动的安排也会影响幼儿在生活活动中的表现。比如,在区域活动中,积木区是男孩子最喜欢的区域,经常爆满。某幼儿好不容易才轮到积木区,为了能继续玩下去,他宁愿憋着大便也舍不得放弃玩耍的机会,结果把大便拉在了裤子里。究其根本原因,不是因为幼儿没有如厕的能力,而是区域活动安排不合理导致的。

三、幼儿的行为是否存在特殊原因

幼儿的内心世界敏感而丰富,但是因为受到言语、思维等发展的限制,幼儿常常难以清晰地表达自己的需求。想要对他们在生活活动中的行为做出解释和分析,还需要考虑一些特殊原因:

(一)身体不适

生理上的疼痛等会影响幼儿在生活活动中的言行举止。像咳嗽这类比较外显的症状,教师容易观察到,而头晕、口腔溃疡等不易觉察的症状则需要教师细心观察。

(二)不理解规则

有时候幼儿表现出来的不听话,可能并不是他“不听话”,而是“听不懂话”。如教师要求幼儿“有序排队”“按照墙上贴的步骤图洗手”等,幼儿很有可能不理解“有序”的含义、看不懂步骤图。

(三)想要获取教师的关注

幼儿常常需要寻求教师的注意。在生活活动中,多数幼儿通过遵守规则来获取教师的表扬,但也有少数幼儿通过破坏规则、哭闹等消极行为来吸引教师的注意。

(四)想要获取交换条件

有些幼儿会故意在生活活动中表现出某种问题,以便教师在向他提要求时提出自己的条件。如教师让吵闹的幼儿安静睡觉,幼儿说“如果下午让我玩滑梯,我就睡觉”。

(五)生活自理能力不足

一些幼儿乐意参与生活活动,却常因生活自理能力不足受到限制。如幼儿有食欲、不挑食,却由于不能很好地使用筷子,导致进餐费时费力。有些幼儿因为不会穿衣、叠被子而害怕午睡。

任务四

生活活动常规中的幼儿行为观察的指导策略

经过一段时间的工作，幼儿园教师小赵仍然对生活常规中的幼儿行为观察不得其法，于是向资深教师香香老师求教，想要了解生活活动常规中幼儿行为观察的指导策略。

任务准备

相关文献、教材。

工作表单

工作表单

小组讨论

小组讨论，还有哪些方式方法能够促进幼儿的生活活动常规发展。

任务分析

在本任务中，我们针对幼儿生活活动常规中的行为提出指导策略，对于今后开展行为指导具有重要作用。

学习支持

教师应通过观察幼儿的行为、收集幼儿的信息，对幼儿的行为做出解释、分析，并在此基础上进行指导。为了给幼儿提供有效的支持，教师在对生活活动中幼儿行为进行常规指导时要注意以下几点：

一、尊重生活活动中的个体差异

鉴于幼儿在文化背景、生活习惯、身体素质等方面的差异，我们不可能要求一个班级的幼儿在生活活动中整齐划一。洗手洗多少次才算科学？如厕的时间和次数如何规定？幼儿个体生活的独特性决定了幼儿在生活活动中表现出更多的“不一致”。因此，在生活活动的指导中，教师应尊重幼儿的个体差异，让每个幼儿按照自己的节奏，安心地享受幼儿园生活。

尊重幼儿在生活活动中的个体差异不是口号，而是要求教师能依据幼儿的特点，有针对性地采取指导策略。例如，针对特殊病情的幼儿，教师应详细了解发病症状和注意事项，如有需要，可为幼儿提供专门的饮食或午睡等条件，营造温馨和谐的班级氛围，尊重幼儿，消除患病幼儿因生理疾病产生的敏感和顾虑。教师要善于发现患病幼儿的优点，表扬并请其他幼儿向其学习，增强其自我认同感。需要注意的是，尊重个体差异并不代表教师要过分关注“特殊”幼儿。在尊重个体差异的同时也应兼顾幼儿集体的需求，特别是不要忽视一些“个性不那么明显”的幼儿，以免造成教育公平的缺失。

二、重视生活活动的实践性

生活本身就是一种实践。生活活动中没有旁观者，每个幼儿都参与其中。在日常生活活动的指导中，容易出现三类误区：第一类误区表现为教师喜欢言语说教，认为自己"讲清楚了"就行，以幼儿的点头和言语应答作为教育任务完成的标志。幼儿的身心发展特点决定了光靠教师的说教是不够的，引导幼儿坚持实践才能帮助他们养成良好的生活习惯。第二类误区表现为教师喜欢包办，愿意代劳。有的幼儿动作慢、技能不娴熟，教师没有耐心等待幼儿自己完成吃饭、穿脱衣等活动，认为喂他吃饭或替他做事比较省心，不愿意把时间留给幼儿。第三类误区是教师经常"袖手旁观"，过度解读"培养幼儿的独立性"，在幼儿遇到困难时选择放任自流，让幼儿"自己解决"，缺乏方法指导和情感激励。为了消除以上误区，教师应坚持"三不三要"原则，即"不呆板、要多样，不包办、要相信，不放任、要支持"。在教授幼儿生活技能时，教师应尽量避免枯燥说教，可以用示范、看动画、唱儿歌、讲故事等多种方式引导幼儿在活动中掌握正确的方法，并在实践中不断巩固以提升生活技能。即使面对"学不会"的幼儿，教师也不要为了省时省力而选择包办。教师应该相信幼儿发展的潜能，学会放手。教师放手让幼儿去做的事情应该是幼儿"能做的"，要求过高则会引发幼儿的挫败感。大、中、小班不同年龄段的幼儿"能做什么"，可以参考《3～6岁儿童学习与发展指南》。教师培养幼儿独立生活能力时，要清楚放手和放任的区别，结合多样性的方法指导，及时提供必要的支持，帮助幼儿在积极、安全的氛围中学会独立。

三、注重生活活动的整合性

生活活动贯穿于一日活动始终，与游戏、学习、运动等活动紧密相连。在进行生活活动常规指导时，教师应考虑幼儿教育的综合性，整合各类活动的教育内容，注重不同活动间的有机联系，相互渗透，充分发挥各类活动的教育作用。

一方面，教师要善于抓住生活活动中的契机，扩展生活教育内容。如在混龄班级里，大龄幼儿常被教育要帮助弟弟妹妹，可教师发现某年龄小的幼儿多次"理所当然"地要求哥哥姐姐帮他系鞋带、叠被子。针对这一问题，年龄小的幼儿在接受帮助时，教师首先应鼓励他仔细观察大龄幼儿是怎么做的，争取自己学会，早日成为哥哥姐姐去帮助更小的弟弟妹妹。然后，引导年龄小的幼儿想象当自己成为哥哥或姐姐帮助别人时，希望得到别人什么样的反馈，开展感恩教育，让幼儿懂得感恩。如此，生活活动常规的教育内容不仅仅是生活技能的获得，还包括同理心的培养和感恩教育。

另一方面，教师应充分利用多种活动方式，开展生活活动常规教育。当班级大部分幼儿缺失某一生活技能或经验时，教师可以通过集体教学活动来帮助幼儿掌握技能，积累经验。少数幼儿存在不足时，可以利用游戏活动或有针对性地设计一些小组活动帮助他们，如在“娃娃家”投放汤匙、小娃娃等材料，引导他们练习汤匙的使用方法。

由于幼儿生活能力和习惯的形成是日积月累的，无法通过一两次教学或游戏活动来完成，因此，开展相应教学或游戏活动后，还需要在日常生活中引导幼儿加以运用和巩固。

同时，教师也要注意在其他活动中有机渗透生活教育，如在体育活动中，为增强幼儿的安全意识，在运动场贴上安全标志，通过环境的暗示，渗透生活教育中自我保护的经验。

四、保持与家庭、社区的积极合作

家庭是幼儿生活的主要场所。保持与家庭的积极合作是开展生活活动常规教育的必要途径。教师在与家长沟通时要注意方式和态度。教师可以借助家长委员会、家长会、亲子活动、入园和离园接送等时机，将自己观察到的幼儿在园表现告诉家长，友好地表达自己对幼儿及其家庭的关注，为家园合作奠定基础。通过具体的案例或专业讲解，帮助家长理解生活活动常规教育的价值以及生活活动常规教育中家园一致性的意义。

同时，教师可以将优秀的案例在园内推广，引导家长借鉴和学习成功的经验、掌握科学的教育方法，促进家园间的相互交流。社区是幼儿生活的小社会，蕴含丰富的生活教育资源，教师可以将社区开展的活动，特别是影响较大、贴近幼儿生活的活动引进幼儿园。

生活的每一个环节都蕴含着极大的教育价值。如果有意识地活用的话，每一个环节都能帮助幼儿向着《3~6 岁儿童学习与发展指南》的目标迈进。生活的每一个环节都蕴含着极大的教育价值，如果有意识地加以运用，每一个环节都能促进幼儿发展。充分发挥生活活动的价值，要求教师有目的、有计划地观察幼儿的行为，对其表现出的行为进行客观的解释、分析，努力去理解幼儿，在理解的基础上提供帮助和指导。

项目评价

一、小组评价

主题	内容	优秀	良好	一般	较差	很差
学习态度	能准时参加本次学习任务，并完成任务	5	4	3	2	1
专业知识	熟悉幼儿生活活动常规的观察要点，掌握其基本要素和特点；了解幼儿生活活动常规的指导策略，掌握其应用范围与注意事项	5	4	3	2	1
研讨精神	积极参与讨论，对其他人的发言能提出合理的分析和见解	5	4	3	2	1
团队协作	能很好地融入课堂小组讨论，共同推进学习进程	5	4	3	2	1
沟通交流	能够清晰准确地表达自己的观点，与他人交流时态度语气恰当	5	4	3	2	1
人文素养	能够关注幼儿行为观察与记录相关知识，有意识地树立职业精神	5	4	3	2	1
信息素养	会检索常见的学前教育文献数据库，主动阅读学前教育文献	5	4	3	2	1
实践应用	能撰写科学合理、客观严谨、详尽入微的观察记录报告；能正确全面分析案例中幼儿的行为特点；能正确与有针对性地提出教育建议或提供发展指导	5	4	3	2	1
自我小结						
考核结果						

二、小组讨论报告

班级：　　　　　　　　姓名：　　　　　　　　讨论日期：

一、讨论主题
二、讨论过程
三、总结与反思

项目小结

本项目介绍了饮食、卫生、睡眠等生活常规中的幼儿行为及观察要点，以及班杜拉的社会学理论、行为主义、动力定型理论等理论基础，在此基础上分析了环境创设、活动安排和幼儿个人特殊原因对生活活动常规中幼儿行为的影响，并提出尊重个体差异、重视活动实践性、注重活动整合性、保持与家庭社区合作等指导策略。本项目衔接了理论和实践，促进了理论知识的运用。

实践实训

1.查看案例，正确全面分析案例中幼儿生活活动常规中的行为和教师保教言行，准确且有针对性地提出教育建议或发展指导。

2.在幼儿园见习期间，选取2~3名幼儿，对他们生活活动常规中的行为进行观察、记录和分析。

推荐阅读

[1] 安建霞.如何在幼儿园生活活动中开展小班幼儿常规教育[J].新课程，2021(16).

[2] 倪力，田穗.幼儿园生活活动中培养小班幼儿常规教育[J].现代交际，2020(5).

[3] 胡佩玲.解读《幼儿园一日生活活动常规实施细则(试行)》[J].华章，2012(20).

项目四

幼儿游戏行为的观察与指导

学习目标

知识目标

(1)了解幼儿游戏行为的定义和重要性。

(2)了解幼儿游戏行为的指导策略。

(3)熟悉幼儿游戏的类型和特点。

(4)熟悉幼儿游戏行为的分析方式。

(5)掌握幼儿游戏行为的观察要点。

能力目标

能够通过不同的方式分析幼儿游戏行为,并能开展幼儿游戏行为的指导。

职业素养目标

以良好的师德师风为引领,做好幼儿的榜样,在分析幼儿游戏行为和指导过程中以幼儿为本,关爱幼儿,促进幼儿身心健康发展。

学习重难点

学习重点

(1)掌握幼儿游戏行为观察和分析的要点。

(2)熟悉幼儿游戏行为的分析方式。

(3)了解幼儿游戏行为的指导策略。

学习难点

能选择恰当的方式分析和指导幼儿游戏行为。

思维导图

- 幼儿游戏行为的观察与指导
  - 幼儿游戏行为的概述
    - 幼儿游戏行为的定义
    - 幼儿游戏类型及其特点
    - 幼儿游戏定义的要素
    - 幼儿游戏行为的重要性
  - 幼儿游戏行为的观察要点
    - 观察程序和步骤
    - 观察要点
  - 幼儿游戏行为的解释分析
    - 通过兴趣分析幼儿游戏行为
    - 通过动机分析幼儿游戏行为
    - 通过情感分析幼儿游戏行为
    - 通过社交能力分析幼儿游戏行为
    - 处理和解释异常的游戏行为
  - 幼儿游戏行为的指导策略
    - 如何激发幼儿的游戏兴趣
    - 如何提高幼儿的游戏技能
    - 通过游戏帮助幼儿发展社交能力
    - 通过游戏帮助幼儿发展情绪调节能力
    - 具体的指导策略和实践示例

任务一

幼儿游戏行为的概述

涵涵和姐姐在客厅里玩“过家家”游戏，她们用沙发当床，用茶几当厨房，厨房里摆满了厨房玩具，姐姐扮演“妈妈”，涵涵扮演宝宝。两个人正玩得不亦乐乎，这时奶奶到客厅来，看到客厅到处都是玩具，非常乱，就生气地说道：“你们两个玩就好好玩，不要把玩具丢得到处都是。玩这个有什么用，还不如去学习一会儿。”

什么是幼儿的游戏行为呢？有什么重要的意义呢？

任务准备

1. 物质准备：幼儿不同游戏行为的视频、纸张、笔。

2. 经验准备：学生前期开展过幼儿游戏相关的课程学习。

工作表单

幼儿游戏行为实录

工作表单 1

视频分析

思考：在视频中，幼儿做了什么？说了什么？有哪些情绪情感？你看到了什么？

工作表单2

思考总结

游戏对幼儿有什么用？

作用一	
作用二	
作用三	
你还知道的作用……	

工作表单3

小组讨论

结合之前的学习和本次任务的知识点，讨论归纳幼儿游戏的类型和特点。

幼儿游戏的类型	特点

任务分析

本任务我们将深入探讨幼儿游戏行为的各个方面。了解幼儿游戏行为的概念、类型和特点,以及游戏对他们的发展有何影响。通过理解这些方面,我们可以更好地在游戏中与他们进行互动,并为他们提供适当的支持和指导。

学习支持

一、幼儿游戏行为的定义

幼儿游戏行为是指幼儿在游戏活动中所表现出的一系列行为模式,包括了幼儿在游戏中的选择、参与、互动和反应等。通过游戏,幼儿可以模仿、探索、尝试以及体验各种社会角色和行为,从而在独特的游戏环境中进行学习和发展。

二、幼儿游戏类型及其特点

幼儿游戏类型繁多,各具特点,主要可以分为以下几种:自由游戏、指导游戏、角色扮演游戏、体育运动游戏、艺术创作游戏、智力游戏等。

(一)自由游戏

自由游戏是幼儿自己选择,自己决定游戏方式和游戏规则的游戏形式,充分体现了幼儿的主动性和创新性。自由游戏鼓励幼儿按照自己的兴趣和需要进行游戏,有利于激发幼儿的积极性和探索欲望,也有助于培养幼儿的独立性和自信心。

(二)指导游戏

指导游戏是在成人或者有经验的幼儿的引导下进行的游戏。这种游戏可以帮助幼儿更好地理解游戏规则和技巧,提高游戏的成功率和满足度。指导游戏可以提供更多的学习和发展机会,有助于提高幼儿的认知能力和社交技能。

(三)角色扮演游戏

角色扮演游戏是幼儿通过模仿成人的行为或者创造虚构角色进行游戏的一种形

式。这种游戏可以提供丰富的社交情境，让幼儿在模仿和扮演中学习和理解不同的社会角色和行为规范，有助于培养幼儿的社交能力和道德意识。

（四）体育运动游戏

体育运动游戏是通过运动活动进行的游戏，如跑步、跳跃、投掷等。这种游戏可以帮助幼儿锻炼身体，提高身体协调性和运动技能，同时也可以培养幼儿的团队合作精神和竞争意识。

（五）艺术创作游戏

艺术创作游戏是通过绘画、雕塑、音乐等艺术形式进行的游戏。这种游戏可以激发幼儿的创造力和想象力，为其提供表达自我和理解世界的新方式，有助于培养幼儿的审美能力和艺术素养。

（六）智力游戏

智力游戏是通过解谜、推理、策略等智力活动进行的游戏，如拼图、棋类游戏等。这种游戏可以锻炼幼儿的思维能力，提高他们的问题解决和决策能力，同时也可以培养他们的毅力和耐心。

不同类型的游戏能够为幼儿提供不同的学习和发展机会，有助于幼儿身心的全面发展。因此，我们应该鼓励和支持幼儿参与各种各样的游戏，以满足他们多元化的发展需要。

三、幼儿游戏定义的要素

幼儿游戏行为的定义包含几个关键要素。

（一）自愿性

幼儿的游戏行为是自愿的，是他们自己决定参与的。这是因为游戏对于幼儿来说是有趣的，是他们愿意投入时间和精力的活动。

（二）创造性

在游戏中，幼儿会展现出极高的创造性，会创造出各种各样的游戏规则和角色设定，展现出丰富的想象力。

(三)目标性

虽然游戏看上去可能没有明确的目标,但实际上,每个游戏都有其内在的目标,比如赢得比赛、完成任务等。这些目标驱动着幼儿投入游戏中。

(四)互动性

游戏通常需要和其他人或物进行互动。在游戏中,幼儿可以学习如何与他人合作,如何解决冲突,如何交流和分享。

(五)规则性

每个游戏都有其特定的规则,幼儿在游戏中必须遵守规则,这可能是游戏的一部分,也可能是游戏的全部。通过遵守和理解规则,幼儿可以学习到社会规范和道德观念。

在理解了幼儿游戏行为的定义和要素后,我们可以看到,游戏不仅是幼儿生活的一部分,更是他们学习和发展的重要途径。通过游戏,幼儿可以在享受乐趣的同时,获得各种各样的知识和技能,增强自己的社会适应能力。

四、幼儿游戏行为的重要性

(一)在语言发展中的作用

幼儿游戏行为在语言发展中发挥着至关重要的作用。在游戏中,幼儿会使用语言来表达自己的想法,描述游戏情境,解决问题,甚至创造新的词汇和语句。这种语言的使用不仅帮助他们熟练掌握语言技能,还有助于他们理解和掌握语言中的抽象概念。

1. 提供发展机会

游戏可以提供丰富的语境,使儿童有机会练习和使用语言。游戏经常涉及角色扮演和情境模拟,儿童需要用语言来构建游戏的情境,描述角色的行为,解释游戏的规则,以及表达自己的想法和感情。这种情境化的语言使用对于儿童的语言发展至关重要,它让儿童在真实的语境中使用语言,提高了语言技能的实际运用能力。

2.促进语言发展

游戏可以促进儿童的社交语言能力的发展。在游戏中，儿童需要与其他儿童进行交流，他们需要学习如何倾听，如何回应，如何提问，如何解释，以及如何谈判。这些都是社交语言能力的重要组成部分。通过游戏，儿童可以在实践中学习和掌握这些社交语言技能。

3.激发语言创造性

游戏能够激发儿童的语言创造性。游戏本身就是一种创造性的活动，儿童在游戏中经常会创造出新的词汇和语句来描述和解决游戏中的问题。这种语言创造性对于语言的发展非常重要，它可以拓宽儿童的词汇量，提高他们的语言表达能力。

4.促进语言认知

游戏可以帮助儿童理解和掌握语言中的抽象概念。在游戏中，儿童需要用语言来表达抽象的思想和规则，例如在棋类游戏中，儿童需要用语言来描述和理解抽象的游戏规则。这种对抽象概念的语言表达和理解对于语言的发展非常重要，它可以提高儿童的抽象思维能力，提升他们的语言理解能力。

（二）在思维发展中的作用

幼儿游戏行为在思维发展中发挥着巨大的作用。游戏是幼儿自主探索世界的重要方式，他们在游戏中会遇到各种问题，需要动脑筋解决，从而推动思维能力的发展。

1.游戏能够促进儿童的逻辑思维能力的发展

在游戏中，儿童需要理解和遵守游戏规则，需要对游戏情境进行逻辑分析和推理，这些过程都在锻炼儿童的逻辑思维能力。例如，在堆积木游戏中，儿童需要理解和应用力的平衡原理，才能成功地堆出稳定的积木构造；在棋类游戏中，儿童需要通过逻辑推理来计划自己和预测对手的下一步棋。这些游戏活动都在无形中训练了儿童的逻辑思维能力。

2.游戏能够刺激儿童的想象力和创新思维的发展

在游戏中，儿童需要创造游戏情境，创造游戏角色，创造游戏规则，这些创造性的活动都在鼓励儿童进行想象和创新。例如，在角色扮演游戏中，儿童需要想象自己是某个角色，需要创造出角色的行为和对话；在绘画游戏中，儿童需要创造出自己的画作，需要想象出画面上的色彩和形状。这些游戏活动都在帮助儿童发展想象力和创新思维。

3.游戏能够培养儿童的问题解决能力

在游戏中，儿童经常会遇到各种问题，例如游戏的挑战，游戏中的冲突，游戏规则的理解和应用等。这些问题需要儿童动脑筋，寻找解决的方法和策略。例如，在拼图游戏中，儿童需要找出不同碎片之间的联系，制定出拼图的策略；在团体游戏中，儿童需要解决团队内部的冲突，需要找出合作的方式和策略。这些游戏活动都在帮助儿童提高问题解决能力。

4.游戏能够促进儿童抽象思维的发展

在游戏中，儿童需要理解和应用抽象的概念和规则，例如在棋类游戏中，儿童需要理解和应用抽象的棋谱和战略；在编程游戏中，儿童需要理解和应用抽象的编程语言和算法。这些游戏活动都在帮助儿童发展抽象思维能力。

（三）在社会情感发展中的作用

幼儿游戏行为对其社会情感发展的影响是深远的。游戏是幼儿理解、适应和影响社会环境的重要方式，也是他们表达、理解和调整情感的有效渠道。

1.游戏在儿童的社交技能发展中起着重要的作用

在游戏中，儿童需要与其他儿童或成年人互动。他们在互动中学习和练习如何交流、协商、配合，如何理解和尊重他人，如何解决冲突和问题。这些社交技能是他们在社会生活中所必需的。例如，通过参与集体游戏，儿童可以学习到团队合作的重要性和技巧，从而更好地融入社会群体。

2.游戏有助于儿童的情感发展

在游戏中，儿童可以表达出各种各样的情感，如快乐、兴奋、期待、失望、愤怒等。他们在表达和经历这些情感的过程中，会学习如何理解和调控自己的情感。例如，在游戏失败时，儿童可能会感到失望和沮丧，这时他们需要学会如何处理这些负面情绪；反过来，游戏的成功也会给儿童带来快乐和自信，增强他们的积极情绪。

3.游戏能够帮助儿童理解和遵守社会规则

游戏本身就是一种社会活动，它有一套规范和规则需要遵守。儿童在游戏中学习遵守规则，如轮流、公平竞争、尊重对手等，这对他们理解和适应社会的规则和道德是非常有帮助的。

4. 游戏能够培养儿童的同情心和共情能力

在游戏中，儿童经常需要站在其他角色的角度考虑问题，理解他们的感受和需求。这种角色扮演和情境模拟有助于培养儿童的同情心和共情能力，使其更好地理解和关心他人。

任务二

幼儿游戏行为的观察要点

在一次积木搭建的游戏中，幼儿园老师丽丽投放了许多积木材料，想象着孩子们应该能搭建出造型多样的作品，但是结果却令她大失所望，有的孩子拿到积木以后，不断平铺、垒高、围合，占据积木数量众多，没一会儿，小朋友开始接连出现告状行为，甚至还出现了因为争抢积木，将积木撒了一地。于是，丽丽准备观察幼儿们在建构游戏中的行为表现，她需要做好哪些准备呢?

任务准备

1. 物质准备：幼儿不同游戏行为的视频、纸张、笔。

2. 经验准备：学生前期开展过幼儿游戏相关的课程学习。

工作表单

工作表单 1

小组讨论

通过小组讨论，结合日常幼儿游戏的开展实际，总结开展幼儿游戏行为观察前应该做些什么准备？需要确定哪些要素？

准备一	
准备二	

准备三	
准备四	
你认为还有哪些……	

工作表单2

小组讨论

观看幼儿园幼儿做不同游戏的视频，结合幼儿园幼儿游戏的实际，讨论出幼儿游戏行为的观察要点。

要点一	
要点二	
要点三	
要点四	
要点五	
要点六	
要点七	
要点八	
你认为还有哪些……	

任务分析

本任务我们将深入探讨幼儿游戏行为观察前的准备，即开展幼儿游戏观察前需要确定好哪些要素，探讨观察幼儿游戏行为的要点。通过这些准备，我们才能更好地开展幼儿游戏行为的观察。

学习支持

一、观察程序和步骤

（一）观察的时间选择

观察幼儿的时间选择至关重要，它可以影响观察的准确性和有效性。以下是一些关于观察时间的建议。

1.观察时间应该在儿童的活动时间内

学前儿童的大部分时间都在玩耍和活动中度过，因此，观察他们的游戏行为最好在他们活动的时间内进行。这样可以最大限度地了解和捕捉到儿童的自然行为和反应。

2.观察时间应该考虑儿童的生理节律

儿童在一天中的不同时间，其精力和情绪可能会有所不同。例如，早上刚起床时，儿童可能会比较活跃和开朗；而到了下午或者晚上，儿童可能会比较疲倦和易怒。因此，选择观察的时间需要考虑儿童的生理节律，以便在他们最佳的状态下进行观察。

3.观察时间应该考虑观察的目的和需求

如果观察的目的是了解儿童的社交技能，那么最好在儿童与其他儿童互动的时间进行观察；如果观察的目的是了解儿童的独立思考和解决问题的能力，那么最好在儿童独自玩耍或者进行挑战性游戏的时候进行观察。

观察的时间选择需要综合考虑幼儿的活动时间、生理节律以及观察的目的和需求。并且，为了保证观察的准确性和有效性，观察可能需要多次进行，以便从多个角度和在不同的时间点对幼儿的行为进行观察和了解。

(二)观察的地点选择

观察幼儿的游戏行为时，选择适当的观察地点，可以为我们提供一种环境，在这种环境中，我们可以全方位、多角度地理解和评估幼儿的游戏行为。

1. 幼儿园

最直接的观察地点就是幼儿经常生活和游戏的地方——幼儿园。在幼儿园环境中，幼儿可以自由发挥，表达他们的想法、感情和动机。在这种环境中，教师可以观察到幼儿在集体活动中的反应，例如他们如何和同伴交往，他们在游戏中遇到困难时会怎样应对，他们对新游戏的反应和接受程度等。

教室观察：教室是幼儿每天学习和活动的主要空间。教师可以通过观察幼儿在教室中的行为来了解他们的学习兴趣和参与度。例如，教师可以注意观察幼儿是否专注于学习任务，他们是否乐意与其他同学合作，以及他们对学习材料和教具的使用情况。

活动室观察：活动室通常是幼儿进行体育运动、舞蹈、音乐等活动的场所。在活动室中，教师可以观察幼儿的运动技能和协调能力，以及他们与其他同学合作的能力。教师可以注意观察幼儿的运动方式、姿势和动作的灵活性，以及他们在活动中展示出的自信和积极性。

游戏室观察：游戏室是幼儿进行自主游戏和角色扮演的场所。在游戏室中，教师可以观察幼儿的创造力和想象力表现，以及他们与其他同学进行游戏互动的方式。教师可以留意幼儿选择的游戏主题、角色扮演的情节和对话内容，从中了解他们的兴趣和社交技能的发展情况。

区域活动观察：在幼儿园中设置了各种区域活动区，如艺术区、科学区、阅读角等。教师可以观察幼儿在不同区域活动中的兴趣和参与度。例如，教师可以观察幼儿选择哪个区域进行活动，并注意他们对材料和资源的利用情况，以及他们在活动中展现的创造力和解决问题的能力。

2. 家庭

家庭也是观察的重要场所。在家庭中，幼儿可能会展现出与在幼儿园不同的行为和反应。家庭环境往往更私密，幼儿可能会更愿意表露自己的真实想法和感受。

此外，也可以让观察者了解幼儿的家庭背景，了解家庭环境对幼儿游戏行为的影响。

3.户外

除了幼儿园和家庭，公园和游乐场也是观察幼儿游戏行为的好地方。在这些地方，幼儿可以接触到各种各样的游戏和活动，可以尝试不同的游戏角色，可以有机会与不同的人交往。这样，观察者可以更全面地了解幼儿的兴趣、能力和社交技巧。

在选择观察地点时，还要考虑到幼儿的安全和舒适。观察地点应该是幼儿熟悉且感到安全的地方，观察者应尽量避免在幼儿感到不安或恐惧的环境中进行观察。

选择观察地点应遵循以下几个原则：首先，观察地点应能真实反映幼儿的游戏行为和情况。其次，应考虑到幼儿的舒适和安全。再次，尽可能选择多样化的环境进行观察，以便全面理解幼儿的游戏行为。最后，观察地点选择应符合实际情况，既要考虑到观察的目的和要求，也要考虑到观察者的实际条件和可能性。

在幼儿的游戏行为观察中，地点的选择是构建观察框架的重要一环。只有选择了适当的观察地点，我们才能真实、全面地了解和评估幼儿的游戏行为，从而为之后的指导和干预提供依据。

（三）观察对象的确定

在进行幼儿游戏行为的观察时，确定观察对象是一个重要的步骤。观察对象的确定不仅关系到观察的精确性和效率，也对我们理解和分析游戏行为具有重要影响。

1.观察对象应根据观察的目标和要求进行确定

如果观察的目标是了解一个具体的幼儿的游戏行为，那么观察对象就是这个幼儿。如果观察的目标是了解一个特定群体的幼儿的游戏行为，比如了解某个年龄段的幼儿，或者了解有特殊需要的幼儿的游戏行为，那么观察对象就是这个群体的幼儿。

2.确定观察对象时，要考虑到幼儿的代表性

观察对象应是能代表特定的幼儿群体的幼儿或具有特定特征的幼儿，而不是随机选择的。这样，通过观察、分析得到的结论才能具有普遍性和参考意义。

3.确定观察对象时也要考虑到幼儿的自愿性和合作性

幼儿作为观察的对象，他们的心理状态和合作程度对观察结果具有重要影响。因此，在确定观察对象时，要尽量选择那些愿意被观察且能配合观察的幼儿。

4. 确定观察对象时还要考虑自身的条件

观察者自身的条件和能力也是确定观察对象时需要考虑的因素。例如，如果观察者对有某种特殊需要的幼儿有深入的了解和丰富的经验，那么他可以选择这类幼儿作为观察对象。反之，如果观察者在某一方面缺乏经验和知识，那么他应避免选择这样的观察对象，以免影响观察的精确性和效果。

观察对象的确定需要依据观察的目标和要求，考虑到幼儿的代表性、自愿性和合作性，以及观察者自身的条件和能力。只有选择了合适的观察对象，我们才能更有效地进行观察，更深入地理解和分析幼儿的游戏行为。同时，这也能为我们后期的游戏行为指导和干预提供更有针对性的依据。

（四）观察方法的选择

在游戏行为观察中，选择适当的观察方法至关重要。观察方法的选择会直接影响到观察的结果和质量。以下，我们将探讨一些常用并且有效的观察方法。

1. 自然观察

最常用的观察方法是定性观察，也被称为自然观察。这种方法强调在幼儿的自然环境中进行观察，如幼儿园、家庭和公园等地。这种方法的优点是能够获取到最真实、最直接的观察数据。而缺点是没有严格地控制变量，可能容易受到外部环境因素的影响。

2. 系统观察

系统观察是一种更科学、更严谨的观察方法。系统观察要求观察者事先设定观察的指标和判断标准，进行有计划的、有目的的观察。这种方法的优点是观察结果较为精确，便于量化分析。缺点是可能忽视了一些非预设指标的重要信息。

3. 参与观察

参与观察是一种更为主动的观察方法。参与观察要求观察者不仅作为观察者，同时也作为游戏的参与者。这种方法可以让观察者从第一人称的角度体验和理解幼儿的游戏行为。同时，也让幼儿更容易接受观察者的存在，减少观察对幼儿行为的干扰。这种方法的优点是观察数据丰富，视角全面。而缺点是观察者的主观性可能会影响观察结果的客观性。

4. 录像观察

录像观察是一种使用技术手段进行观察的方法。通过录像，观察者可以反复观看幼儿的游戏行为，有助于进行深入理解和分析。录像观察也使得观察可以在任何时间、任何地点进行，大大提高了观察的灵活性。

在选择观察方法时，要考虑观察的目标、对象和环境，以及观察者自身的能力和条件。不同的观察方法各有优缺点，应根据实际情况进行选择。同时，观察方法也不是孤立的，多种方法可以结合使用，取长补短，提高观察的全面性和准确性。

选择适当的观察方法，可以让我们更有效地进行游戏行为观察，更深入地理解和分析幼儿的游戏行为。这对于我们后期的游戏行为指导和干预具有重要意义。

二、观察要点

（一）游戏类型观察

观察幼儿参与的游戏类型，如角色扮演、建构玩具、拼图等，注意观察他们对不同类型游戏的偏好和参与程度。

关注幼儿对不同类型游戏的偏好。有些幼儿可能对角色扮演游戏更感兴趣，喜欢通过扮演不同角色来体验不同的情境和身份。而有些幼儿可能更喜欢建构玩具，享受创造和搭建的过程。还有些幼儿可能对拼图游戏感兴趣，喜欢提升自己的空间认知能力和解决问题的能力。观察幼儿的游戏偏好可以帮助我们了解他们的兴趣点和个人喜好。

需要注意观察幼儿参与不同类型游戏的程度。有些幼儿可能对某些游戏类型热衷，积极参与并投入时间和精力，而对于其他游戏类型，则可能表现出较少的兴趣或参与程度不高。观察幼儿的参与程度可以帮助我们了解他们在不同游戏中的投入程度和参与动力，从而更好地满足他们的游戏需求和提供适当的支持。

（二）社交互动观察

观察幼儿与其他幼儿或成人之间的互动行为，包括沟通、分享、合作等。注意观察他们是否展现出合作精神、友善行为和倾听他人的能力。

观察幼儿之间的沟通能力。注意他们与其他幼儿或成人之间的交流方式，包括语言表达、姿态和面部表情等。观察他们是否能够清晰地表达自己的想法和需求，以及是否能够理解他人的意图和信息。

关注幼儿是否展现出合作精神。观察他们在游戏中是否能够与其他幼儿合作，共同完成任务或达成目标。注意他们是否能够分享资源、相互支持和协作。合作精神是孩子们团队意识和协作能力的体现，观察他们在社交互动中的合作行为可以帮助我们了解他们的团队合作能力和社交技巧。

注意观察幼儿是否展现出友善行为。观察他们是否对其他幼儿表现出友好的态度，如互相帮助、分享和关心。培养幼儿的友善行为是培养幼儿良好人际关系的重要一环，观察他们在社交互动中的友善行为可以帮助我们了解他们的共情能力和人际交往技巧。

需要注意观察幼儿倾听他人的能力。观察他们是否能够倾听他人的意见和建议，并能够尊重和接受不同观点。倾听他人是幼儿进行沟通和合作的关键。观察他们在社交互动中的倾听能力可以帮助我们了解他们尊重他人和团队合作的意识。

（三）想象力和创造力观察

观察幼儿在游戏中展现的想象力和创造力，包括创造角色和故事情节、绘画和手工制作等方面。注意观察他们是否能够自主发挥想象力和表达独特的想法。

观察幼儿在游戏中创造角色和故事情节的能力。注意他们是否能够自主发挥想象力，创造出独特的角色和情节。观察他们在角色扮演游戏中是否能够展现出丰富的想象力、展现出各种角色的特点和推动故事发展。此外，在其他游戏中，如搭建和玩具创作等，也可以观察他们是否能够展现出创造力，通过自己的想象力来创造新的物品和场景。

关注幼儿在绘画和手工制作等方面的创造力。观察他们在绘画时是否能够展现出独特的想象力，通过自己的创意来创作出个性化的图画作品。同样，在手工制作中，观察他们是否能够自主发挥想象力，制作出独特的手工作品。这些观察可以帮助我们了解幼儿的艺术表达能力和创造力发展的程度。

注意观察幼儿在游戏中的自主发挥能力。观察他们是否能够独立思考和提出自己独特的想法。注意他们在游戏中是否能够自主决策、解决问题和创新。观察他们对游戏规则的理解和应用能力，以及能否通过自己的想法和创意来添加新的元素和变化。

(四)解决问题和决策能力观察

观察幼儿在游戏中面对问题时的解决能力和决策能力。注意观察他们寻找解决方案,做出选择并承担后果的能力。

观察幼儿在游戏中面临问题时的解决能力。注意他们是否能够主动寻找解决方案,采取适当的行动来解决问题。观察他们是否能够分析问题的关键点、提出可行的解决方案,并尝试实施这些方案。此外,也可以观察他们在面对困难和挫折时的应对方式,他们是否能够保持积极的态度并寻找新的解决路径。

关注幼儿在游戏中的决策能力。观察他们是否能够在游戏过程中做出合理的选择,并承担选择的后果。注意观察他们是否能够综合考虑不同因素,权衡利弊,做出理性的决策。同时,也可以观察他们是否能够接受他人的意见和建议,并在做出决策时进行综合考虑。

需要注意观察幼儿在游戏中的反思能力和学习能力。观察他们是否能够从问题中吸取教训,并运用这些经验来改进自己的行动。注意观察他们是否能够自我评估和反思,思考自己的决策是否明智,是否能够从中学到新的知识和技能。

(五)注意力持久时间和集中程度观察

观察幼儿在游戏中的注意力持久时间和集中程度。注意观察他们是否能够保持专注和集中精力完成游戏任务。

观察幼儿在游戏中的注意力持久时间。注意他们是否能够将注意力集中在游戏任务上并保持一段时间。观察他们是否能够持续地专注于游戏活动,而不被外界干扰所打断。注意他们是否能够针对游戏目标和规则进行思考和计划,并在游戏过程中保持关注的能力。

关注幼儿在游戏中的注意力集中程度。观察他们在游戏任务中的投入程度和专注度。注意他们是否能够将全部精力投入游戏中,全神贯注地参与并积极参与。观察他们是否能够忽略其他干扰因素,专注于完成游戏任务。

需要注意观察幼儿在游戏中分配注意力的能力。观察他们是否能够灵活地在不同任务之间转换注意力,快速适应游戏规则和变化。注意他们是否能够同时关注多个游戏要素,并进行必要的注意力分配。

观察幼儿在游戏中的自我调节能力。注意他们是否能够自我控制和管理注意力,避免过度分散或过度专注。观察他们是否能够适时调整注意力的焦点和强度,以适应不同的游戏要求和情境。

（六）自我调节能力观察

观察幼儿在游戏中的自我调节和情绪管理能力。注意观察他们在控制情绪、等待自己的轮次和适应游戏规则等方面的表现。

观察幼儿是否能够在游戏中控制情绪。注意他们是否能够表现出积极的情绪，如兴奋、乐观和愉快，同时能够控制负面情绪的表现，如沮丧、愤怒和焦虑。观察他们是否能够应对挫折和失败，保持冷静并寻找解决问题的方法。

关注幼儿在游戏中等待自己的轮次的能力。观察他们是否能够耐心等待其他幼儿完成自己的轮次，并能够适应游戏规则和顺利过渡到自己的回合。注意他们是否能够控制自己的冲动和焦虑，以及是否能够理解和尊重游戏中的轮流和公平性。

需要注意观察幼儿在游戏中的自我调节能力。观察他们是否能够自我控制和管理自己的行为，遵守游戏规则和秩序。注意他们是否能够适时停止自己的行为，等待指示或调整自己的行为方式。观察他们是否能够根据游戏要求和情境来调整自己的行为和表现。

注意观察幼儿在游戏中与他人合作和竞争时的自我调节能力。观察他们是否能够适应合作和竞争的游戏情境，并能够调整自己的态度和行为。注意他们是否能够平衡个人需求和团队合作的要求，以及是否能够处理好输赢的情绪并能采取合理的应对方式。

（七）独立性和自主性观察

观察幼儿在游戏中展现的独立性和自主性。注意观察他们自主选择游戏活动、独立解决问题和表达个人意见的能力。

观察幼儿在选择游戏活动上的独立性。注意他们是否能够根据自己的兴趣和喜好，自主选择游戏活动。观察他们是否能够独立决定自己参与的游戏内容，而不完全依赖他人的建议或选择。注意观察他们在游戏选择中是否能够明确自己的意愿，并做出相应的行动。

关注幼儿在解决问题上的自主性。观察他们是否能够独立思考和寻找解决问题的方法。注意他们是否能够运用自己的知识和经验，独自思考问题的原因和解决方案。观察他们是否能够尝试不同的方法和策略，独立解决游戏中遇到的困难和挑战。

需要注意观察幼儿在表达个人意见和需求上的自主性。观察他们是否能够清晰地表达自己的意见和需求,而不依赖他人的引导或建议。注意他们是否能够自主提出自己的观点、喜好和要求,并在游戏中表达出来。观察他们是否能够与他人协商、沟通并坚持自己的意见。

需要注意观察幼儿在游戏中的主动性和创造性。观察他们是否能够主动参与游戏活动,而不是被动地等待别人的指示或邀请。

(八)多样性和灵活性观察

观察幼儿在游戏中展现的多样性和灵活性。注意观察他们是否能够尝试不同的游戏方式、适应不同的角色和规则。

观察幼儿在游戏中展现的多样性。注意观察他们是否能够尝试不同的游戏方式和活动,而不仅仅局限于特定的游戏类型或兴趣领域。观察他们是否能够探索新的游戏内容和角色,尝试自己之前未曾尝试过的游戏活动。注意他们是否能够提出多样的游戏方式和展现出创造力,将自己的个性和想法融入游戏中。

关注幼儿在游戏中的灵活性。观察他们是否能够适应不同的角色和规则,根据游戏要求和情境做出相应的调整。注意他们是否能够与其他幼儿合作和协商以实现游戏的顺利进行。观察他们是否能够快速适应游戏的变化和挑战,并灵活地调整自己的策略和行动。

需要注意观察幼儿在游戏中的创新性和变通能力。观察他们是否能够通过创新和变通,将游戏规则和活动进行改变或扩展。注意他们是否能够提出新的游戏规则或变化,以提升游戏的乐趣和挑战。观察他们是否能够寻找不同的解决方案和表达方式,以适应游戏中的新情境和要求。

需要注意观察幼儿在游戏中的自我调整和学习能力。观察他们是否能够从游戏的经验中学习,并应用到新的游戏情境中。注意他们是否能够根据游戏中的反馈和结果,调整自己的行为和策略。观察他们是否能够自我评估和反思,从中吸取教训并改进自己的游戏表现。

任务三

幼儿游戏行为的解释分析

本周，这是孩子们第二天进入沙池进行游戏。在上周，孩子们能够在沙池里面熟练利用铲子挖沙、利用模具搭建城堡和蛋糕以及和泥浆等。为什么孩子们在沙池里面总是如此快乐和兴奋？

任务准备

1. 物质准备：幼儿不同游戏行为的视频、纸张、笔。

2. 经验准备：学生前期已经历过幼儿游戏相关的课程学习。

工作表单

工作表单

小组讨论

小组讨论，可以从哪些方面来分析学前儿童游戏行为。

一	
二	
三	
四	
五	
你认为还有哪些……	

任务分析

本任务旨在根据前期数据分析的结果，对学前儿童游戏行为进行解释，可以结合相关理论框架，解释学前儿童游戏行为的发展规律和内在机制，同时探讨其对儿童发展的影响和意义，再根据研究结果提出相关的教育实践建议，为促进学前儿童游戏行为的健康发展提供参考。

学习支持

一、通过兴趣分析幼儿游戏行为

在分析学前儿童的游戏行为时，兴趣是一个不能忽视的重要因素。儿童的兴趣决定了他们选择什么样的游戏，以及他们在游戏中的表现。通过兴趣分析，我们可以更好地理解儿童的游戏行为，并能为他们提供更合适的游戏环境。

首先，我们要理解什么是兴趣。兴趣是指个体对特定事物或活动的稳定的倾向和热爱。在儿童的游戏行为中，兴趣通常表现为他们对某种游戏的持久喜好，以及他们在这种游戏中的主动参与。

我们要学会识别和分析儿童的兴趣。儿童的兴趣通常可以从他们的游戏选择、游戏表现和游戏反应中得到体现。我们可以通过观察儿童选择什么样的游戏，他们在游戏中是否表现得积极主动，以及他们对游戏结果的反应来了解他们的兴趣。

例如，如果一个儿童经常选择拼图游戏，并且在游戏中表现出高度的专注和热情，那么我们可以推断出他对拼图游戏有强烈的兴趣。反之，如果一个儿童在玩球类游戏时表现得热情不高，或者经常中途放弃，那么我们可以推断出他对球类游戏的兴趣不强。

通过对儿童兴趣的分析，我们可以对他们的游戏行为有更深入的理解。我们可以知道他们为什么会选择某种游戏，他们在游戏中为什么会表现出这样的行为，他们对游戏结果为什么会有这样的反应。这些理解将有助于我们更好地引导和支持他们的游戏。

兴趣分析也可以帮助我们为儿童提供更合适的游戏环境。了解了儿童的兴趣后，我们可以为他们提供他们喜欢的游戏，激发他们的游戏欲望。同时，我们也可以通过提供多样化的游戏，帮助他们发现新的兴趣，扩大他们的游戏范围。

通过兴趣分析，我们可以更好地理解学前儿童的游戏行为，提供更适合他们的游戏环境，更有效地支持他们的游戏发展。因此，兴趣分析是我们分析学前儿童游戏行为的重要方法。

二、通过动机分析幼儿游戏行为

动机是推动个体行为的内部驱动力，是个体行为发生、持续和发展的决定因素。在学前儿童的游戏行为中，动机起着至关重要的作用。通过动机分析，我们可以更为准确地把握儿童的游戏行为，从而更好地指导和促进他们的游戏发展。

我们需要理解儿童游戏行为的动机类型。儿童的游戏动机主要包括探索动机、成就动机和社交动机。

探索动机是指儿童对新事物、新环境的好奇心和探索欲望。儿童天生具有好奇心，他们喜欢探索未知的事物，这种动机在他们的游戏行为中表现得尤为明显。

成就动机是指儿童希望通过游戏获得成就感和满足感。儿童在游戏中经常设定目标，如完成一个拼图、赢得一场比赛等，他们的行为往往是为了达成这些目标。

社交动机是指儿童希望通过游戏与他人建立和维持社交关系。儿童在游戏中不仅可以学习和发展技能，也可以与他人交流和互动，满足社交需求。

理解了儿童游戏行为的动机类型后，我们就可以通过观察儿童的游戏选择、游戏过程和游戏反应，来分析他们的游戏动机。

例如，如果一个儿童总是选择新的、未知的游戏，那么我们可以推断出他的游戏行为主要是由探索动机驱动的。如果一个儿童在游戏中总是设定目标，努力达成，那么我们可以推断出他的游戏行为主要是由成就动机驱动的。如果一个儿童在游戏中总是积极与他人交流和互动，那么我们可以推断出他的游戏行为主要是由社交动机驱动的。

通过动机分析，我们不仅可以了解儿童选择游戏和参与游戏的原因，也可以了解他们在游戏中的表现和反应，从而更好地理解他们的游戏行为。同时，动机分析也可以帮助我们提供更适合儿童的游戏环境和活动，更好地满足他们的需求，促进他们的游戏发展。

通过动机分析，我们可以深入理解学前儿童的游戏行为，提供更有效的游戏教育和指导，促进他们的全面发展。

三、通过情感分析幼儿游戏行为

情感是个体对外部事物的主观反应，包括愉快、忧郁、喜爱、厌恶等情绪体验。情感对个体的行为具有重要的影响，能激发个体的行为动机，影响个体的态度和行动。在学前儿童的游戏行为中，情感起着关键的作用。通过情感分析，我们能深入理解儿童在游戏中的行为模式，并据此提供更加贴切的游戏环境和指导。

我们要明确儿童游戏行为中的情感类型。儿童在游戏中可能会经历多种情绪，例如喜悦、生气、悲伤、兴奋、恐惧、惊奇等。这些情绪可能对他们的游戏选择、游戏过程和游戏结果产生影响。

例如，儿童在游戏中可能会体验到成功的喜悦，也可能会经历失败的挫败感；他们可能会因为与人合作而感到愉快，也可能会因为争执冲突而感到烦恼。

我们需要通过观察和交流，准确识别和理解儿童的情绪。儿童的情绪可能通过他们的面部表情、身体语言、语言表达等方式表现出来。通过仔细观察和关注儿童的这些表现，我们可以了解他们在游戏中的情绪状态。

例如，当儿童在游戏中面带笑容、身体活跃、语言积极时，我们可以判断他们正在体验愉快的情绪；当儿童在游戏中面色阴沉、身体僵硬、语言消极时，我们可以判断他可能遇到了困扰或挫败。

通过对儿童情感的分析，我们可以深入理解他们的游戏行为。我们可以了解他们为何选择某种游戏，为何以某种方式参与游戏，以及他们对游戏结果的情感反应。这些理解将有助于我们更好地引导和支持他们的游戏。

情感分析也能帮助我们更好地满足儿童的情感需求，优化他们的游戏环境。例如，对于经常在游戏中体验挫败感的儿童，我们可以选择一些难度更为适宜的游戏，帮助他们体验成功的喜悦；对于在游戏中容易产生冲突的儿童，我们可以教导他们如何通过良好的沟通和协作解决问题。

通过情感分析，我们可以更为全面地理解学前儿童的游戏行为，更有效地引导他们的游戏，更好地满足他们的情感需求。因此，情感分析是我们研究学前儿童游戏行为的重要工具。

四、通过社交能力分析幼儿游戏行为

社交能力是指个体与他人进行交往、沟通和协作的能力。在学前儿童的游戏行为中，社交能力起着关键的作用。通过对社交能力的分析，我们能深入理解儿童在游戏中的行为模式，并据此提供更加贴切的游戏环境和指导。

我们要明确儿童游戏行为中的社交能力类型。在游戏中，儿童需要运用多种社交技巧，例如分享、轮流、协商、合作等。

例如，儿童在游戏中可能需要分享玩具，这需要他们理解并接受分享的概念；儿童在游戏中可能需要轮流进行活动，这需要他们理解并接受轮流的规则；儿童在游戏中可能需要协商游戏规则，这需要他们具备基本的沟通和协商技巧；儿童在游戏中可能需要与他人合作完成任务，这需要他们具备基本的合作技巧。

我们需要通过观察和交流，准确识别和理解儿童在游戏中的社交行为。儿童的社交能力可能通过与他人的交往表现出来。

例如，当儿童在游戏中能主动分享玩具，能接受轮流的规则，能有效地与他人协商和合作，我们可以判断他们的社交能力较强；而如果儿童在游戏中经常独占玩具，不接受轮流的规则，不擅长与他人协商和合作，我们可以判断他们的社交能力较弱。

通过对儿童社交能力的分析，我们可以深入理解他们的游戏行为。我们可以了解他们为何以某种方式参与游戏，以及他们在游戏中与他人的交往如何。这些理解将有助于我们更好地引导和支持他们的游戏。

社交能力分析也能帮助我们更好地满足儿童的社交需求，优化他们的游戏环境。例如，对于社交能力较弱的儿童，我们可以通过设计一些需要合作的游戏，帮助他们提高社交能力；对于社交能力较强的儿童，我们可以提供更多的社交机会，以便他们继续发展他们的社交能力。

通过社交能力分析，我们可以更为全面地理解学前儿童的游戏行为，更有效地引导他们进行游戏，更好地满足他们的社交需求。因此，社交能力分析是我们研究学前儿童游戏行为的重要工具。

五、处理和解释异常的游戏行为

在学前儿童的游戏行为中，我们可能会遇到一些异常的游戏行为。这些行为可能是由儿童的个体差异、情绪变化、社交能力、学习难度等因素引起的。通过理解和处理这些异常行为，我们可以更好地支持儿童的游戏发展，帮助他们形成健康和积极的游戏行为。

我们需要明确什么是异常的游戏行为。一般来说，异常的游戏行为是指儿童在游戏中的行为与一般情况下的行为有明显差异，或者与同龄儿童的常规行为有显著差异。这些行为可能包括但不限于过度的攻击性、过度的害羞或回避、过度的焦虑或恐惧、持续的不合作、长期缺乏参与游戏的兴趣等。

我们需要通过观察和交流，准确地识别和理解儿童的异常行为。我们可以通过观察儿童在游戏中的行为，以及与其他儿童和成人的互动，来了解他们的行为模式。同时，我们也可以通过与儿童以及他们的父母或老师的交谈，来获取更多的信息。

例如，如果一个儿童在游戏中经常表现出攻击性，例如打人、咬人、破坏玩具等，我们可以判断他可能有过度的攻击性行为；如果一个儿童在游戏中总是避免与他人交互，或者在被要求与他人交互时表现出明显的紧张或恐惧，我们可以判断他可能有过度的害羞或回避行为。

在理解了儿童的异常行为后，我们需要采取适当的策略来处理这些行为。这可能需要我们与儿童、他们的父母或老师，以及可能的专业人士（如儿童心理咨询师）共同合作。

例如，对于过度的攻击性行为，我们可能需要教导儿童在面对问题时如何采取更适当的行为，如用语言表达愤怒或不满，而不是用攻击行为；对于过度的害羞或回避行为，我们可能需要通过逐渐增加儿童与他人的互动，以及提供安全和支持的环境，来帮助他们建立自信和提升社交能力。

处理和解释异常的游戏行为是一个需要我们深入理解儿童行为、关心儿童需求，并采取合适策略的过程。

任务四

幼儿游戏行为的指导策略

上周老师给孩子们讲了《拔萝卜》的故事，本周老师在表演区投放了老爷爷、老奶奶、小姑娘、小黄狗、小花猫、小老鼠的服饰和头饰。自主游戏时间，表演区内非常热闹，幼儿激烈地讨论着角色分配，涵涵和明明都想扮演老爷爷，两人争执不下。老师应该怎么引导他们呢？

任务准备

1. 物质准备：幼儿不同游戏行为的视频、纸张、笔。

2. 经验准备：学生前期有到过幼儿园见习的经验并且开展过幼儿游戏行为的解释和分析的活动。

工作表单

工作表单

小组讨论

根据幼儿游戏行为的分析与解释，讨论有哪些指导策略。

策略一	
策略二	
策略三	

续表

策略四	
策略五	
策略六	
策略七	
策略八	
你认为还有哪些……	

任务分析

本任务我们将深入探讨幼儿游戏行为的指导策略，探讨以哪些方式来指导幼儿的游戏行为。

学习支持

一、如何激发幼儿的游戏兴趣

游戏对于学前儿童来说是一种自然而重要的学习方式，能够促进儿童的身心发展，提高他们的认知、情感、社交等多方面的能力。因此，如何激发儿童的游戏兴趣，使他们愿意积极参与游戏，是值得我们关心和研究的一个重要问题。

(一)提供吸引儿童的游戏材料和环境

色彩鲜艳、形状奇特、功能多样的玩具和设施能够引起儿童的注意和好奇心。例如,可以提供拼图、积木等具有丰富形状和颜色的玩具,以激发儿童的探索欲望和创造力。此外,还可以提供交互玩具等具有多种功能和娱乐性的设施,以满足儿童对多样化游戏体验的需求。

游戏环境的安全性和舒适性也是吸引儿童参与游戏的关键。为了确保儿童的安全,可以采取适当的安全措施,如使用无毒材料制作玩具、设置柔软的地面垫等。同时,为儿童提供舒适的游戏空间,例如柔软的坐垫、温暖的灯光,可以让儿童感到放松和愉快。此外,营造欢快的游戏氛围也十分重要。通过设计有趣的游戏规则和挑战,提供奖励机制,以增加儿童参与游戏的动力和兴趣。

(二)关注儿童的个体差异和兴趣

根据儿童个体差异提供与其兴趣相符的游戏是至关重要的。可以通过观察和与儿童互动,了解他们的兴趣所在。例如,对于喜欢动态游戏的儿童,可以提供球、跳绳等体育类游戏;而对于喜欢静态游戏的儿童,可以提供拼图、迷宫等思维类游戏。此外,对于喜欢独自玩耍的儿童,可以提供个人游戏空间和单人游戏,如涂色本等;对于喜欢与他人玩的儿童,可以提供多人游戏和协作游戏,如棋类游戏或角色扮演游戏。为对艺术和创意活动感兴趣的儿童提供涂鸦、手工艺品等相关材料;为对科学和探索感兴趣的儿童提供科学实验套装或探索工具等。

为了更好地关注儿童的个体差异和兴趣,还可以与家长进行沟通和合作。家长能够提供关于儿童偏好和发展需求的有价值信息,以便教育者提供更加个性化的游戏体验。同时,定期收集儿童的反馈和观察他们的游戏行为也是必要的,以不断调整和优化提供的游戏材料和环境。

(三)关注游戏的难易度

确保游戏的难度适中,既能够提供一定的挑战,又能够让儿童感到兴奋和有成就感。对于过难的游戏,儿童可能会感到挫败和沮丧,丧失兴趣;对于过易的游戏,儿童可能会感到无聊和缺乏动力。因此,教师需要根据儿童的年龄、能力和发展水平,提供适合他们的游戏。

个性化的游戏设置也是关注游戏难易度的重要方面。不同儿童在游戏能力和兴趣上有所差异，因此可以根据儿童的特点和需求，提供不同的游戏模式或难度选择。例如，可以设置游戏的自动调整难度功能，根据儿童的表现动态调整游戏的难度，保持游戏的挑战性和趣味性。

及时的反馈和鼓励也是关注游戏难易度的重要环节。对于儿童的努力和进步，给予积极的肯定和奖励，鼓励他们继续努力。同时，对于面临困难和挫折的情况，提供适当的帮助和支持，引导他们寻找解决问题的方法和策略，增强他们的自信心和毅力。

（四）示范榜样

我们需要树立榜样，通过自身的行为影响儿童。如果我们自身对游戏抱有积极的态度，热爱游戏，积极参与游戏，儿童就可能会受到影响，对游戏产生兴趣。可以通过下面的方式树立良好榜样：

1.与儿童一起参与游戏

与儿童一起参与游戏是树立良好榜样的重要方式之一。通过和他们一起玩游戏，展示出对游戏的兴趣和热情，并与他们共同享受游戏的乐趣，鼓励他们主动参与和探索。

2.展示游戏的积极影响

向儿童展示游戏的积极影响，例如培养合作精神、提高问题解决能力、促进创造力和想象力发展等。通过分享自己在游戏中获得的乐趣和成就感，帮助儿童理解游戏的价值和意义，激发他们对游戏的兴趣。

3.培养游戏礼仪和道德观念

作为榜样，我们应该教导儿童正确的游戏礼仪和道德观念。例如，尊重规则、尊重他人、公平竞争、分享乐趣等。通过我们自身的行为和言行，向儿童展示正确的游戏态度和行为准则。

4.鼓励多样化的游戏体验

作为榜样，我们应该鼓励儿童尝试不同类型的游戏，培养他们的多样化兴趣和能力。例如，引导他们尝试户外游戏、团队游戏、艺术创作类游戏等，展示游戏的多样性和无限可能性。

5.倡导平衡游戏与其他活动

作为榜样，我们应该倡导儿童在游戏和其他活动之间保持平衡。通过展示自己在日常生活中的多样化兴趣和活动，鼓励儿童在游戏之外，参与户外活动、阅读、绘画等其他有益的学习和娱乐活动。

二、如何提高幼儿的游戏技能

在学前儿童的成长过程中，游戏起着重要的作用，可以帮助他们提高各种技能，包括认知技能、社交技能、情绪管理技能等。提高儿童的游戏技能，我们可以从以下几个方面进行努力。

（一）提供各种类型的游戏

各种类型的游戏可以帮助儿童提高各种类型的技能。例如：在拼图游戏方面，我们可以提供不同难度级别的拼图，从简单的几块拼图到复杂的数百块拼图，以满足不同年龄段儿童的需求。此外，我们还可以设计一些特殊主题的拼图，如动物、交通工具、自然景观等，以激发儿童的兴趣。

角色扮演游戏方面，我们可以提供各种角色扮演的主题，如医生、警察、消防员等，让孩子们通过扮演不同的角色来体验不同的社交场景。同时，我们还可以提供与角色扮演相关的故事情节，帮助儿童培养情绪表达和社会交往能力。

对于动作游戏，我们可以设计丰富多样的关卡和挑战，儿童通过游戏中的动作及操作，如跳跃、爬墙、躲避障碍等，来提高身体素质和反应能力。

除了以上提到的游戏类型，我们还可以提供其他类型的游戏，如益智游戏、音乐游戏、教育游戏等。这些游戏可以激发儿童的学习兴趣，培养他们的思维能力和创造力。

（二）引导儿童进行有意义的游戏

有意义的游戏是指那些能够帮助儿童学习新技能、解决问题、克服挑战的游戏。

我们可以为游戏设定明确的目标，使儿童知道他们玩游戏的目的是什么。例如，在一个解谜游戏中，我们可以告诉儿童他们需要找到隐藏在游戏中的线索来解开一个谜题。这样的设定能够激发儿童的好奇心和求知欲，促进他们在游戏中有目标地探索和学习。

我们可以设计游戏规则，让儿童在游戏中面临一些挑战和困难，比如逐渐增加挑战的难度，让儿童能够不断地尝试和思考，从而培养他们的问题解决能力和逻辑思维能力。例如，在一个建设城市的游戏中，我们可以设置一些资源管理和决策的难题，让儿童思考如何合理分配资源，发展城市，从而培养他们的决策能力和规划能力。

我们还可以在游戏中引入合作和竞争的元素，让儿童在与其他玩家的互动中学习社交技巧和团队合作。例如，在一个团队射击游戏中，儿童需要与其他队友合作，制订战术并协作打败对方队伍，这样可以提升儿童的沟通能力和培养儿童的团队合作精神。我们可以在游戏中设置反馈和奖励机制，让儿童在游戏中获得成就感和回报。无论是通过一个关卡、获得高分还是解决一个难题，这些成就和回报都能够激励儿童继续学习和进步。

（三）鼓励和支持儿童进行探索性游戏

探索性游戏是指儿童通过自我驱动的方式，探索游戏材料、环境、规则等，从而学习新技能的游戏。

在探索性游戏中，儿童可以根据自己的兴趣和好奇心，自由地选择游戏材料和方式，进行自主的探索和实验。这样的游戏可以激发儿童的探索欲望和探究精神，培养他们主动学习和解决问题的能力。

为了鼓励和支持儿童进行探索性游戏，我们可以提供一些开放式的游戏材料和工具，如积木、纸箱、泥土等，让儿童能够自主选择和组合，创造出属于他们自己的游戏世界。同时，我们还可以提供一些提示和鼓励，激发儿童的创意和想象力，例如提供一些问题或挑战，引导他们思考和探索。

在探索性游戏中，我们应该尊重儿童的意愿和决策，不过度干预他们的游戏过程。我们可以充当观察者和支持者的角色，给予他们适当的指导和帮助，但不要过度引导或干预他们的行为。这样可以让儿童保持独立思考和发展自主探索的能力，培养他们的创造力和解决问题的能力。

此外，我们还可以鼓励儿童进行团队合作的探索性游戏，让他们在与其他小伙伴的互动中学习合作和交流。例如，在一个搭建城市的游戏中，可以组织儿童一起合作设计和建造一个城市，他们可以分工合作、分享想法和解决问题，从而培养团队合作能力和沟通能力。

(四)通过反馈和指导,帮助儿童提高游戏技能

在游戏中,及时和具体的反馈对于儿童的学习和进步至关重要。我们可以通过游戏界面或语音提示等方式,向儿童提供反馈,告诉他们在游戏中的表现如何。例如,在一个拼图游戏中,可以给予儿童正确拼接拼图片段的肯定反馈,同时提醒他们哪些拼图放置不正确。

此外,我们还可以设置游戏中的评分系统或奖励机制,根据儿童的表现给予相应的分数或奖励。这样的反馈可以激励儿童不断努力,提高游戏技能。例如,在一个音乐游戏中,根据儿童的节奏和准确度,可以给予不同的评分或奖励,让儿童明确自己的表现水平,并激发他们的学习动力。

除了反馈,指导也是帮助儿童提高游戏技能的重要手段。我们可以提供详细的游戏说明和教程,帮助儿童理解游戏的规则。同时,我们还可以提供解决问题的方法和策略,让儿童知道如何克服困难和面对挑战。例如,在一个解谜游戏中,可以给予儿童一些提示,引导他们思考和解决问题。

在给予指导时,我们应该耐心倾听儿童的问题和困惑,根据他们的理解和能力,提供适度的指导。我们可以鼓励儿童自己尝试和思考,同时给予必要的帮助和支持。持续的指导可以让儿童逐渐掌握游戏技能,提高他们的表现和成绩。

三、通过游戏帮助幼儿发展社交能力

社交能力是指个体在与人交往中的有效沟通、协作和解决冲突的能力,是一种十分重要的生活技能,有助于儿童建立良好的人际关系,增强自信心,更好地参与和适应社会生活。游戏是提升学前儿童社交能力的重要途径。下面我们将探讨如何通过游戏帮助儿童发展社交能力。

(一)提供合作性游戏

合作性游戏是一种鼓励孩子们共同完成任务或达到目标的游戏形式。这样的游戏不仅能够培养孩子的团队意识和协作能力,还能够促进他们之间的合作和沟通。举个例子,孩子们可以参加一场接力赛,在这个游戏中,他们需要与队友配合默契才能取得胜利。这不仅仅是一个比赛,更是一个团队合作的过程,孩子们需要学会相互信任、协作和支持,才能最终取得胜利。另外,团队建筑活动也是一种很好的合作性

游戏。在这个游戏中，孩子们需要共同商议，分工合作才能建造出满意的作品。通过这个过程，孩子们可以认识到团队合作的重要性，同时也培养自身的创造力和解决问题的能力。总之，合作性游戏不仅能够帮助孩子们培养团队意识和协作能力，还能够提升他们的沟通能力和解决问题的能力。

（二）引导角色扮演游戏

角色扮演游戏能够帮助儿童理解和体验不同角色的立场和感受，让他们学会换位思考，提升他们的同理心。例如，通过扮演医生和病人，孩子们可以理解到关心他人、帮助他人的重要性。除了提升同理心，角色扮演游戏还可以培养儿童的情绪表达和社会交往能力。在游戏中，儿童可以扮演不同的角色，表达自己的情感和需求，学会与他人进行有效的沟通和互动。

为引导角色扮演游戏，我们可以提供丰富的角色和场景选择，儿童能够根据自己的兴趣和想象力选择合适的角色。例如，他们可以扮演家庭成员、职场人士、动物等。这样的选择能够激发他们的创造力和想象力，同时他们更容易与角色产生情感共鸣。

在游戏过程中，我们可以提供一些情节和任务，引导儿童通过角色扮演解决问题。例如，儿童可以扮演医生，接待患者，进行诊断和治疗，通过解决患者的问题来完成任务。这样的游戏能够让儿童学会思考和决策，并培养他们的责任感和应变能力。

同时，我们还可以为角色扮演游戏提供一些道具和装饰，增加游戏的真实感和乐趣。例如，提供医生的工具和服装，让儿童更加身临其境地扮演角色。这样的体验能够激发他们的兴趣和增加他们的投入度，使他们更好地理解和体验不同的角色，更好地促进他们的社会交往。

（三）设定游戏规则

游戏规则可以教会孩子们尊重他人。通过规定不能使用暴力推搡他人，我们告诉孩子们在游戏中应该保持合作和友善。这样的规则可以让他们明白，尊重他人的身体边界和感受是非常重要的，帮助他们培养尊重他人的态度。

游戏规则可以帮助孩子们理解公平和公正的概念。通过要求游戏参与者遵守相同的规则，我们确保每个人都有同等的机会参与和胜出。这有助于培养孩子们对公平竞争的认识，理解到每个人都应该有平等的权利和机会。

游戏规则还能教导孩子们处理好胜负得失。在许多游戏中，胜利和失败是不可避免的。通过规定游戏规则，我们为孩子们提供了一个处理胜负得失的框架。他们学会了接受失败并从中吸取教训，同时也学会了分享胜利的喜悦，这对他们的心理成长和情绪管理至关重要。

游戏规则在儿童的发展中起着重要作用。通过遵守规则，孩子们能够学会尊重他人、理解公平和公正，并处理好胜负得失。这些技能将有助于他们在社交互动中建立良好的关系，培养道德意识和正确的行为准则。

（四）引导儿童处理游戏中的冲突

游戏中的冲突和挫折是无法避免的，引导孩子们理解并接受这一点，教导他们如何平静面对冲突，寻找解决问题的方法，对于他们的社交能力发展极为重要。可以通过下面的方式进行引导。

1. 倾听和理解

鼓励儿童表达他们的感受和观点，尽量理解他们所经历的冲突。教师通过倾听他们的问题和困惑，可以让他们感到被理解和支持。

2. 鼓励合作

强调合作的重要性，教导儿童通过与他人合作来解决问题。鼓励他们寻找共同点和共同目标，以找到解决冲突的方式。

3. 提供解决问题的技巧

教导儿童如何分析问题，寻找解决方案。鼓励他们思考不同的选择，并评估每种选择的后果。指导他们将冲突看作一个机会，通过沟通、妥协和寻求妥善解决问题的方式来解决冲突。

4. 模范示范

成年人可以成为儿童的榜样，向他们展示如何处理冲突，如何以积极和冷静的方式表达自己的观点，以及如何寻求和谐解决方案。通过示范正确的行为，您可以帮助他们学习如何应对冲突。

5. 强调尊重和理解

教导儿童尊重他人的观点和感受，并理解每个人都有不同的意见和需求。帮助他们认识到解决冲突的目标是建立和谐和公正的关系，而不是寻求胜利或压制他人。

6.培养情绪管理能力

教导儿童如何管理自己的情绪,并找到健康的方式来表达自己。鼓励他们使用适当的语言和行为,而不是使用攻击性或冲动的方式来处理冲突。

四、通过游戏帮助幼儿发展情绪调节能力

情绪调节能力是儿童在面对情绪冲突和压力时,能够自我舒缓,恢复情绪平衡的能力。这是儿童健康成长的重要组成部分。游戏作为儿童的主要活动方式,是培养儿童情绪调节能力的重要途径。以下是几种通过游戏帮助儿童发展情绪调节能力的方法。

可以通过情绪表达的游戏来帮助儿童理解和表达情绪。例如,可以让儿童通过画画、讲故事、角色扮演等游戏,表达他们的喜怒哀乐。通过这样的游戏,儿童可以更好地理解自己的情绪,学会用适当的方式表达情绪。

可以通过挫败教育的游戏来帮助儿童接受失败和挫折。例如,一些竞赛类的游戏,如跳远、跳绳、拼图等,儿童不可能总是成功,他们可能会失败或者遇到挫折。通过这样的游戏,儿童可以学会接受失败,调整情绪,再次尝试。

可以通过情绪调节的游戏来帮助儿童学会调节情绪。例如,可以让儿童参与一些静心的游戏,如呼吸练习等。通过这些游戏,儿童可以学会如何在情绪激动时,通过调整呼吸、放松身体、平静思考等方式,恢复情绪平衡。

可以通过社交游戏来帮助儿童处理人际关系中的情绪问题。例如,角色扮演游戏可以让儿童模拟各种社交场景,在游戏中体验和处理各种情绪问题,如争吵、误会、失落等。

五、具体的指导策略和实践示例

幼儿游戏行为的具体指导策略是帮助幼儿发展积极、合作和尊重他人的行为准则。下面是一些具体的指导策略,旨在培养幼儿良好的游戏行为。

(一)制定明确的规则和提出确切的期望

制定明确的规则和提出确切的期望对于引导幼儿良好的游戏行为至关重要。

1. 分享玩具

指导幼儿学会与他人分享玩具和材料。可以明确规定每个人在游戏中都有机会使用玩具,并鼓励他们轮流分享和借用,还可以提醒幼儿注意玩具的保护和维护,培养他们的责任感。

2. 尊重他人

强调幼儿需要尊重他人的感受和个人空间。明确规定不欺负或嘲笑他人,不干扰他人的游戏,不抢夺他人的玩具等。教导幼儿友善相待,鼓励他们关注他人的需求和感受。

3. 不使用攻击性语言

明确规定不使用侮辱、威胁或攻击性的语言。教导幼儿如何用友善和鼓励的语言与他人交流,如可以鼓励幼儿使用“请”和“谢谢”,帮助他们发展有效的沟通技巧。

4. 等待轮次

教导幼儿等待轮次和分享游戏机会。明确规定每个人都有机会参与游戏,并鼓励幼儿等待自己的轮次。可以使用计时器或角色扮演游戏来帮助幼儿理解轮次和分享的概念。

5. 清理游戏区域

鼓励幼儿清理游戏区域并归还玩具。明确规定游戏结束后,每个人需要清理和整理玩具和材料。可以提供适当的储物盒或标记来帮助幼儿学会整理。

6. 尊重规则和裁判

引导幼儿尊重游戏规则和裁判。明确教导幼儿在游戏中遵守规则的重要性,并帮助幼儿理解规则的公平性和公正性。鼓励他们接受裁判的决定,并尊重其他人的游戏权益。

(二)模范示范

成人应成为幼儿的榜样,展示积极、合作和尊重他人的行为。通过教师的行为示范,幼儿将学会模仿并理解正确的游戏行为。

鼓励幼儿在游戏中保持积极的态度,强调重要的是参与,并且鼓励他们相信自己的能力。提醒他们,尊重他人的参与和努力同样重要,不论他们的表现如何。

合作是培养团队合作精神的关键。鼓励幼儿互相帮助、协作，以实现共同的目标。解释团队合作的重要性，并提供例子来说明合作对成功的影响。鼓励幼儿倾听他人的意见，并尊重不同的观点和想法。

重点强调对他人的尊重。解释什么是尊重，并举例说明在游戏中如何表现出对他人的尊重。鼓励幼儿友善地与他人互动，倾听他人的需求和感受。提醒他们避免使用粗鲁或冒犯性的语言，以及尊重每个人的个人空间和隐私。

幼儿将通过教师的示范模仿并理解正确的游戏行为，同时培养自身的团队合作精神和形成尊重他人的价值观。教师提供支持和指导，以帮助幼儿在游戏中发展良好的行为习惯，并成为积极、友善的个体。

（三）提供积极的鼓励和奖励

当幼儿表现出良好的游戏行为时，教师及时给予积极的鼓励和奖励，例如赞美和奖品，可增强他们发展积极行为的意愿和动力。

当幼儿表现出良好的游戏行为时，教师采取积极的反馈方式来鼓励他们。教师应及时发现和赞赏幼儿的努力和积极行为。例如，用鼓励的语言表达出对他们的认可，如“你真棒！你在游戏中展现出了很好的合作精神”，或者“你做得很出色，我真的很欣赏你对其他玩伴的尊重”。这样的肯定将激励他们继续保持良好的游戏行为。

引入奖励机制来进一步增强幼儿的积极行为意愿和动力。例如，设立小奖品等奖励系统，用于鼓励他们的参与和优秀表现。这可以是一些徽章或游戏特权，作为对他们积极行为的认可和回报。解释奖励的目的，并强调这是他们通过良好行为所获得的特殊待遇，以此鼓励每个幼儿努力成为游戏中的榜样。

教导幼儿赞赏彼此的努力。鼓励他们相互支持和表达欣赏之情。例如，建议他们在游戏结束时，互相分享对其他玩伴积极行为的赞美，如“你做得太好了，你的合作精神让游戏更有趣”，或者“感谢你的尊重和友好态度，这让我很愉快”。这样的交流将营造出一种积极的游戏氛围。

给予幼儿积极的鼓励和奖励，不仅会增强他们的积极行为意愿和动力，还将培养积极、友善的游戏文化。提供个性化的支持和指导，以帮助幼儿在游戏中展现出最好的自己，并成为积极、合作和尊重他人的榜样。

（四）培养合作意识

鼓励幼儿参与合作游戏，如集体拼图、团队角色扮演等。通过合作游戏，他们能学会与他人合作、分享资源和解决问题。在集体拼图游戏中，强调每个幼儿的重要性，解释他们如何通过合作将碎片组合成完整的图像。鼓励他们分享想法和战略，共同制订解决方案，并赞赏他们的团队合作精神。在团队角色扮演中，鼓励他们分工合作，扮演不同的角色，并共同解决游戏中的难题。强调每个角色的特点和重要性，以及他们如何通过协作来实现共同目标。

教导幼儿们合作的重要性，并提供实际的指导。启发他们思考合作所带来的好处，例如更快地完成任务、提高游戏的乐趣以及创造更多机会与其他人互动。分享一些合作的技巧，如倾听他人的意见、尊重不同的观点、平等分配资源和有效沟通。引导幼儿思考问题并提供解决方案，以帮助他们理解团队合作和资源共享的重要性。

创造各种情境和角色扮演来促进幼儿的合作意识。例如，引入一个情境，幼儿们扮演不同的角色，如一个探险队需要合作找到宝藏，或者一个医生团队需要合作治愈病人。这样的角色扮演将鼓励幼儿思考问题、制订策略，并学会与其他人协同工作。

（五）教导情绪管理

幼儿在游戏中可能会遇到挫折和冲突，教师应教导他们如何管理自己的情绪，帮助他们理解自己的感受，并提供适当的情绪表达方式，如分享感受或请求帮助。

给予幼儿一些关于情绪管理的具体指导。例如，当他们在游戏中遇到挫折和冲突时，鼓励他们停下来，并指导他们花一些时间去认识和理解自己的感受。教导他们认识常见的情绪，如愤怒、沮丧和焦虑，并帮助他们理解产生这些情绪的原因。同时，提醒他们，每个人都会经历不同的情绪。

教授幼儿们适当的情绪表达方式。鼓励他们与他人分享自己的感受，如说出自己的情绪或表达对某种情况的不满；指导他们使用适当的语言，以确保他们的情绪表达清晰明了，同时避免使用侮辱或攻击性的言语。此外，教授他们请求帮助的方式，如向游戏伙伴或成人寻求支持和解决问题。

在引导情绪管理方面，模拟各种情境，以帮助幼儿们应对不同的情绪挑战。例如，可以提供一个角色扮演的情境，幼儿们扮演不同的角色，如一个生气的朋友或一个需要安慰的孩子。通过这种角色扮演，引导他们思考如何应对不同情绪，并提供适当的解决方案。提供情绪管理的技巧，如深呼吸、放松练习和积极思维，以帮助他们平静情绪。

(六)培养解决问题的能力

鼓励幼儿在游戏中遇到问题时思考解决方案。提供指导和支持,帮助他们发展解决问题的技巧。

幼儿在游戏中遇到问题时,教师可以引导他们思考解决方案的不同可能性。例如,当幼儿在拼图游戏中遇到困难时,教师可以鼓励他们尝试不同的拼图组合,或者询问"其他玩具和材料是否可以帮助他们完成拼图"。这样的引导可以促使幼儿发展灵活的思维,从而更好地解决问题。

在提供指导和支持方面,可以使用更加具体的方法来帮助幼儿制订解决问题的策略和发展解决问题的技巧。例如,当幼儿在建构积木遇到困难时,可以指导他们先观察积木的形状和颜色,然后按照一定的顺序进行组合,还可以鼓励幼儿尝试不同的组合方式,或者使用其他的工具来辅助构建过程。幼儿得到这样的指导和支持,可以逐渐掌握解决问题的技巧,并且在日常生活中更加独立地应对各种情境。

除了在游戏中培养解决问题的能力外,还可以将这种能力应用到幼儿日常生活的实际情境中。例如,在幼儿园或家庭环境中,教育者和家长可以布置一些有挑战性的任务,要求幼儿思考并找到解决问题的方法。这些任务可以涉及日常生活中的小问题,例如如何穿上自己的衣服,如何解决与同伴的冲突,或者如何组织玩具和阅读书籍等。通过这样的实践,幼儿可以不断地锻炼自己解决问题的能力,并逐渐培养出自信和自主性。

(七)鼓励交流和表达

促进幼儿之间的交流和表达,鼓励他们分享自己的想法和观点。通过交流,幼儿可以更好地理解他人,增进彼此之间的理解和尊重。

可以通过提供一系列的启发性问题来鼓励幼儿分享自己的想法和观点。例如,教育者或家长可以问幼儿"你觉得这个故事的结局会是什么样的",或者"你认为这个问题应该怎样解决"。这样的问题可以培养幼儿思考和表达的能力,同时也为他们提供一个平台来分享自己独特的观点。

可以通过游戏来促进幼儿之间的交流和表达。例如,组织幼儿参与小组游戏,在游戏过程中引导他们相互交流和合作。或者安排角色扮演活动,让幼儿扮演不同的角色,并鼓励他们表达自己的感受、意见和需求。这样的活动可以培养幼儿的沟通技巧和表达能力,同时也加强他们与他人之间的互动和合作。

可以提供一些具体的工具和技巧,帮助幼儿更好地表达自己的想法。例如,可以教导幼儿使用绘画、手工制作或口头表达等方式来展示自己的观点,还可以引导幼儿学习如何倾听和尊重他人的意见,以及如何适当地表达自己的看法和感受。幼儿得到这样的指导和训练,可以积极参与交流,更好地理解他人,并提高自己的表达能力。

(八)引导解决冲突

当幼儿之间发生冲突时,教育者应提供适当的引导,激发他们寻找妥善解决方案的意愿,帮助他们解决问题,培养合作和妥协的能力。

当幼儿之间发生冲突时,教育者可以引导他们冷静下来并倾听对方的观点和感受。通过鼓励幼儿相互倾听和理解,可以帮助他们认识到冲突的原因和背后的需求。例如,如果两个幼儿在分享玩具时发生冲突,可以引导他们相互表达自己对玩具的需求,并互相尊重对方的意见。

可以教授幼儿一些解决冲突的技巧和策略。例如,可以提醒幼儿使用"我语"来表达自己的感受和需求,而不是指责对方。同时,可以教导幼儿如何提出妥协方案,以达到双方的满意。例如,如果两个幼儿争夺同一个玩具,教育者可以鼓励他们共同商讨一个双方都满意的解决方案,例如轮流使用或者寻找其他玩具来分享。这样的引导,帮助幼儿学会妥善解决冲突,培养合作和妥协的能力。

可以通过角色扮演和情境模拟等活动来帮助幼儿实践冲突解决的技巧。例如,可以让幼儿扮演不同的角色,在模拟的情境中面对冲突,并引导他们尝试不同的解决方案。这样的实践可以帮助幼儿更好地理解和应用解决冲突的技巧,并在真实的情境中更加自信地处理冲突。

以上策略的实施,可以帮助幼儿培养积极、合作和尊重他人的游戏行为。这将有助于他们在游戏中获得乐趣,发展社交技能,并为日后的成长和人际关系打下坚实的基础。

项目评价

一、小组评价

主题	内容	优秀	良好	一般	较差	很差
学习态度	能准时参加全部课程，按时提交作业，及时查阅教师上传的学习材料	5	4	3	2	1
专业知识	了解幼儿游戏行为的定义和重要性，熟悉幼儿游戏的类型和特点，掌握幼儿游戏行为的观察要点，熟悉幼儿游戏行为的分析方式，了解幼儿游戏行为的指导策略	5	4	3	2	1
研讨精神	积极参与讨论，对其他人的发言能提出合理的分析和见解	5	4	3	2	1
团队协作	能很好地融入课堂小组讨论，共同推进学习进程	5	4	3	2	1
沟通交流	能够清晰准确地表达自己的观点，与他人交流时态度语气恰当	5	4	3	2	1
人文素养	能够关注幼儿游戏相关知识，有意识地树立职业精神	5	4	3	2	1
信息素养	会检索常见的学前教育专业文献数据库，主动阅读学前教育文献	5	4	3	2	1
实践应用	能分析幼儿游戏行为，能根据幼儿游戏行为的分析提出指导策略	5	4	3	2	1
自我小结						
考核结果						

二、小组讨论报告

班级：　　　　　　　姓名：　　　　　　　讨论日期：

一、讨论主题
二、讨论过程
三、总结与反思

项目小结

本项目主要学习了幼儿游戏行为的概述、观察要点、解释分析和指导策略。幼儿游戏可以分为自由游戏、指导游戏、角色扮演游戏、体育运动游戏、艺术创作游戏、智力游戏等，具有自愿性、创造性、目标性、互动性、规则性，对幼儿语言发展、思维发展、社会情感发展具有重要意义。在观察前，观察者要确定好观察的时间、地点、对象和方法，着重观察游戏类型、社交互动、想象力和创造力、解决问题和决策能力、注意力持久时间和集中程度、自我调节能力、独立性和自主性、多样性和灵活性等。教育者应从兴趣、动机、情感和社交能力等多个方面对幼儿游戏行为进行解释分析，并能处理和解释异常游戏行为，还能从激发游戏兴趣、提高游戏技能、发展社交能力、发展情绪调节能力等方面对幼儿的游戏行为进行指导。

直通赛证

材料分析题:阅读材料,回答问题。

材料:小班在进行角色扮演游戏时,李老师发现豆豆经常会倒提起布娃娃,边打边说:"你不乖,我打你,你再哭,我还打!"

(1)分析豆豆出现这种行为的可能原因。

(2)针对这样的情况李老师该怎么做。

材料:小明四岁多了,妈妈发现他越来越不愿意接受别人的批评。说他哪里做得不够好,他就会说"昨天张老师还表扬我了呢!""说我爱帮助人""我昨天值日还得了小红花""我画画也画得特别好""我是我们班最棒的"等。

根据小明的表现,分析其自我意识发展的特点。

实践实训

到幼儿园见习,选择某个幼儿游戏开展观察,分析幼儿游戏行为,提交观察记录表和幼儿游戏行为分析报告。

推荐阅读

[1]王佳佳.幼儿角色游戏行为的教师观察记录分析——以中班角色游戏"小医院"为例[J].宁波教育学院学报,2021,23(2).

[2]红鸣,罗玉蓉.教师对幼儿行为的观察分析与有效指导研究——评《幼儿行为观察与分析》[J].学前教育研究,2023(10).

[3]林雯.《户外运动区游戏幼儿行为的观察与分析量表》的制订与使用[J].幼儿教育研究,2023(2).

项目五

幼儿学习行为的观察与指导

学习目标

知识目标

(1)了解幼儿学习行为的基本特点和规律。

(2)掌握幼儿学习行为观察的要点。

能力目标

(1)能够观察和记录幼儿学习行为。

(2)能够设计和实施针对幼儿学习行为的指导策略。

职业素养目标

(1)理解和尊重幼儿的学习行为。

(2)关注和支持幼儿的学习行为。

学习重难点

学习重点

(1)了解幼儿学习行为的基本特点和规律。

(2)掌握幼儿学习行为观察的要点。

学习难点

(1)能够观察和记录幼儿学习行为。

(2)能够设计和实施针对幼儿学习行为的指导策略。

思维导图

- 幼儿学习行为的观察与指导
  - 幼儿学习行为的概述
    - 学习的基本概念
    - 影响幼儿学习行为的因素
    - 幼儿学习行为的分类
    - 观察幼儿学习行为的意义
  - 幼儿学习行为的观察要点
    - 学习兴趣观察要点
    - 学习困难观察要点
    - 学习品质观察要点
  - 幼儿学习行为的解释分析
    - 好奇心的驱使
    - 自我调节能力的发展
    - 独立性的培养
    - 创造力和想象力的驱动
    - 社交能力的发展
  - 幼儿学习行为的指导策略
    - 教师对幼儿学习方法进行个性化指导
    - 教师开展游戏化教学
    - 教师发挥环境的教育作用
    - 教师调整在幼儿学习行为中的角色

任务一

幼儿学习行为的概述

小李老师所在的幼儿园正在进行一次幼儿行为的观察活动。小李老师选择对幼儿学习行为进行观察。在观察活动开始前，他们需要对学习行为进行学习，以小组为单位，理解学习、学习行为的内涵，了解幼儿学习的分类，明确幼儿学习行为的观察要点，树立科学的观察理念，并做好学习记录。

任务准备

1. 内容准备：明确需要讨论的主题与内容。
2. 人员准备：6~8人一组，选定小组长，小组成员进行分工。
3. 用物准备：纸、笔、教材及相关参考书。
4. 地点准备：选择讨论的地点和选择座次顺序。

工作表单

工作表单1

小组讨论

请你结合对幼儿学习行为及其影响因素的理解和认识，描述学习行为的内涵和影响因素，完成下表。

学习行为的内涵	影响幼儿学习行为的因素

工作表单 2

小组讨论

幼儿学习行为是幼儿认知、语言、社会性发展的基础，是幼儿个体成长与发展的重要环节和手段。请查阅资料，思考并描述幼儿学习行为的分类。

幼儿学习行为的分类

工作表单 3

小组讨论

为什么要对幼儿的学习行为进行观察？观察的意义是什么？

幼儿学习行为观察的意义
1.
2.
3.
4.
5.
……

任务分析

在本任务中，我们将深入探讨幼儿学习行为的内涵及其影响因素，并从多个维度对学习行为进行分类。这些讨论和分析，对于我们理解幼儿成长规律、科学开展幼儿教育具有重要意义。

学习支持

一、学习的基本概念

(一)学习

学习是指个体吸收、处理和应用新信息的过程，旨在获得新的知识和技能，或巩固已有知识和技能。学习是一个复杂的过程，受到多种因素的影响，如个人因素、环境因素和社会因素等。

从学习心理学的研究历史来看，不同时期对学习的理解是不同的。早期的联想主义学派认为学习是形成观念间的联想，联结派认为学习即形成刺激与反应间的联结，认知派主张学习即形成和改变认知结构。

学习对人类的发展和进步具有重要意义。通过学习，个体可以获得新的知识和技能，提高自身的竞争力和适应能力，从而实现自身的成长和发展。学习也可以促进社会的创新和发展。

(二)学习行为

中国大百科全书将“行为”解释为完整有机体的外显活动，其基本特征是运动，可以在动物和人身上看到，是由被称为刺激的外部和内部变化引起的。学习行为是一个较为复杂的概念，是指动物或人类获取新知识、新技能或新经验的过程。从行为主义、认知主义和建构主义的角度来看，学习行为可以得到不同的解释和理解。

行为主义认为，学习行为是可以通过环境刺激和反应的改变而获得的。学习行为可以被描述为一种反应，这种反应是在环境刺激下发生的，并且可以通过强化和惩罚来调节。行为主义者认为，学习过程是一个不断试错的过程，通过试错，学习者可以获得新的环境和反应之间的关系，从而改进他们的行为，以帮助学习达到更好的效果。

认知主义认为，学习行为是一个复杂的心理过程，涉及多个心理过程，如感知、记忆、思考和解决问题等。学习者需要主动地参与学习过程，并且需要对信息进行加工和分析。认知主义者认为，学习行为可以增强学习者的意识水平。

建构主义认为，学习行为是一个积极的、建构性的过程，学习者需要通过自己的经验和思想来构建新的知识和技能。建构主义者认为，学习者需要主动地参与学习过程，并且需要根据自己的需求和目标来选择学习内容和方式。建构主义者还认为，学习行为可以被描述为一种反思性的过程，学习者需要通过反思和自我评估来改进他们的学习。

综上所述，学习行为是一个复杂的过程，不同的学派从不同的角度对学习行为进行了描述和解释。行为主义、认知主义和建构主义都对学习行为做出了重要的贡献，它们为我们理解学习过程提供了不同的视角。

二、影响幼儿学习行为的因素

影响幼儿学习行为的因素多种多样，这些因素相互作用，共同塑造着幼儿的学习方式和效果。

（一）遗传因素

遗传在幼儿学习行为中起着一定的作用。例如，如果家庭成员中有学习障碍的情况，那么幼儿出现学习障碍的可能性也会增加。这种遗传因素的影响可能表现在神经发育的完整性上，进而影响到幼儿的学习能力。

（二）家庭环境

家庭环境对幼儿学习行为的影响是深远的。父母的教养方式、家庭氛围、父母的教育程度等都会对幼儿的学习行为产生重要影响。例如，父母关系不良、过度溺爱或缺乏良好的学习习惯和学习环境，都可能导致幼儿出现学习障碍。

（三）社会文化因素

幼儿所处的社会文化环境也会对其学习行为产生影响。文化背景、社区环境、教育资源等都会影响到幼儿的学习机会和学习方式。例如，多元文化的社会环境可以拓宽幼儿的学习视野，而教育资源的不平等则可能限制幼儿的学习机会。

（四）营养状况

幼儿的营养状况对其学习行为也有显著影响。营养不良或微量元素的缺乏可能会导致注意力不集中、多动等问题，从而影响幼儿的学习效果。因此，确保幼儿获得均衡的饮食和充足的营养对于促进他们的学习行为至关重要。

（五）心理因素

幼儿的心理状态对学习行为也有重要影响。例如，如果幼儿对学习有抵触情绪或缺乏自信，那么他们的学习效果可能会受到影响。此外，焦虑、抑郁等心理问题也可能导致幼儿出现学习障碍。

三、幼儿学习行为的分类

（一）按行为主体分类

1. 主动学习行为和被动学习行为

主动学习行为是指个体在学习过程中自发地、有意识地去获取知识和技能的行为。这种行为具有自主性、积极性、主动性等特点，是学习者根据自己的需求、兴趣和能力，主动选择学习目标、学习方式和学习资源，调控自己的学习过程，对学习结果负责的学习行为。如幼儿主动向老师请教问题，寻求解答，表现出对知识的主动探求；幼儿在活动上主动参与讨论，提出自己的观点和疑问，表现出对课堂学习的积极参与。

被动学习行为是指学习者在学习过程中没有太多主动性，而是被外部环境或他人引导、影响而学习的行为。这种行为通常缺乏自主性、积极性、主动性等特点，学习者对学习过程和结果的控制力较弱。如幼儿在小组讨论中很少发表自己的观点，只是听取其他同学的看法，被动地参与课堂讨论。

2. 言语行为和非言语行为这两大类

言语行为是指使用语言来实现某种目的或完成某种任务的行为，包括表达思想、交流信息、提问、指示、命令等。例如，幼儿在与同伴交流时，可以说出自己的感受和想法，向别人提出问题，或者发出指令让别人做某件事。例如，幼儿A说：“我们一起玩积木吧。”这是一个表达想法的言语行为。幼儿A在这个句子中表达了自己想要和幼儿B一起玩积木的意愿。“你把那个积木给我。”这是一个交流信息的言语行为。此外，幼儿也可以使用言语行为来提问或发出指令。“积木是什么？”这是一个提问的言语行为。总的来说，言语行为是幼儿在日常生活中使用语言来与他人交流和互动的重要方式。

非言语行为是指不通过语言，而是通过身体动作、面部表情、眼神、音调等非语言方式来传达信息和交流情感的行为。如，幼儿在表达自己的情感和需求时，可能会通过哭、笑、尖叫、眼神等方式来传达信息。在交流过程中，幼儿可能会使用手势、身体姿势、面部表情等方式来表达自己的意思，比如用手指向某个物品表示想要，或者摇头表示否定。此外，幼儿在听故事或者看动画片时，也可能会通过表情、声音等方式来表达自己的情感和反应。非言语行为在幼儿的交流和情感表达中起着重要的作用，对于幼儿的情感发展和社交能力的培养也有重要的影响。

（二）从学习的对象、操作方式、结果三个维度分类

从学习的对象、操作方式、结果三个维度分类，将学习行为分为符号性学习行为、操作性学习行为、交往性学习行为。

1.符号性学习行为

符号性学习行为是指学习如何使用符号来表示概念和进行思考的行为。符号性学习行为包括语言、数学、逻辑等各方面的学习。例如，在学习语言时，幼儿会学习如何使用词汇和语法来表达自己的想法和情感。在学习数学时，幼儿会学习如何使用数字和符号来表示数量和关系。符号性学习行为对幼儿的认知发展和学术能力的培养非常重要。通过符号性学习行为，幼儿可以建立对世界的理性认识，发展逻辑思维能力和创造力，提高自我表达能力。在教育实践中，教师和家长可以通过设计丰富多样的学习和教学活动，帮助幼儿培养符号性学习行为。例如，教师可以通过讲故事、组织讨论等方式，引导幼儿学会使用语言和符号来表达自己的想法和感受。同时，教师和家长也应该为幼儿创造一个良好的学习环境，鼓励幼儿多进行思考和探索，从而提高他们的符号性学习能力。

2.操作性学习行为

操作性学习行为是指通过实际操作和实践来学习的行为。这种学习方式强调幼

儿通过亲身体验来探索和理解世界，从而培养他们的动手能力、观察能力和问题解决能力。例如，幼儿在玩积木时，可能会通过不断尝试和操作，学会如何搭建不同的建筑物和结构。在绘画活动中，幼儿可能会通过实际操作来学习如何使用颜料和画笔，以及如何创作不同的画作。操作性学习行为对幼儿的认知发展和实践能力的培养非常重要。通过操作性学习行为，幼儿可以培养自己的动手能力和实践能力，学会如何观察和分析问题，并培养自己的创造力和想象力。在教育实践中，教师和家长可以通过设计丰富多样的操作性学习活动，帮助幼儿培养操作性学习行为。例如，教师可以组织幼儿进行科学实验、手工制作、户外探险等活动，让幼儿在实际操作中学习。同时，教师和家长也应该鼓励幼儿多进行探索和尝试，给予他们足够的自由和支持，从而提高他们的操作性学习能力。

3.交往性学习行为

交往性学习行为是指通过与他人互动和交流来学习的行为。这种学习方式强调幼儿在与他人合作、沟通和解决问题的过程中，学会理解他人、表达自己，并培养他们的社交技巧和团队合作能力。例如，幼儿在玩角色扮演游戏时，可能会通过与同伴的互动，学会如何理解和扮演不同的角色。在小组活动中，幼儿可能会通过与同伴的合作，学会如何共同解决问题和完成任务。交往性学习行为对幼儿的社会性发展和情感能力的培养非常重要。通过交往性学习行为，幼儿可以学会如何与他人建立联系，培养自己的同理心和团队合作能力，并提高自己的解决问题的能力。在教育实践中，教师和家长可以通过设计丰富多样的交往性学习活动，帮助幼儿增加交往性学习行为。例如，教师可以组织幼儿进行小组讨论、合作游戏、表演等活动，让幼儿在与同伴的互动中学习。同时，教师和家长也应该鼓励幼儿多进行交流和合作，给予他们足够的支持和引导，从而提高他们的交往性学习能力。

（三）按OCCP学习行为模型分类

按OCCP学习行为模型将学习行为分为四类：操作行为、认知行为、协作行为和问题解决行为。

1.操作行为

幼儿在学习过程中通过实际操作物体、材料和工具来探索和理解世界。这种行为在绘画、拼图、搭建等活动中尤为明显。操作行为有助于幼儿提高动手能力、观察力和空间认知能力。

2. 认知行为

幼儿在学习过程中通过感知、记忆、思考、判断和推理等心理活动来获取和处理信息。这种行为在阅读、计算、分类等活动中表现出来。认知行为有助于幼儿提高智力、注意力和记忆力。

3. 协作行为

幼儿在学习过程中通过与同伴、老师和家长等人进行互动和合作来完成任务和解决问题。这种行为在小组活动、角色扮演和集体讨论等活动中表现出来。协作行为有助于幼儿提高沟通能力、社交技巧和团队合作意识。

4. 问题解决行为

幼儿在学习过程中通过分析问题、制定策略和实施解决方案来应对挑战和困难。这种行为在解决实际问题、完成任务和应对挫折等活动中表现出来。问题解决行为有助于幼儿提高创新能力、应对压力的能力以及解决问题的自信心。

(四)按学习的方式和特点分类

学习行为按照学习的方式和特点,可分为观察学习、探究学习和创造学习。观察学习是指通过观察他人的行为和结果来学习,这种学习方式主要依赖于观察和模仿。例如,幼儿在玩玩具时,可能通过观察其他幼儿的行为来学习如何玩某个玩具。探究学习是指通过探究和解决问题来学习,这种学习方式主要依赖于思考和探索。例如,幼儿在玩拼图游戏时,可能通过尝试不同的拼图方法来探究正确的拼图方式。创造学习是指通过创造新的想法或产品来学习,这种学习方式主要依赖于创新和想象力。例如,幼儿在画画时,可能通过创造新的画作来学习绘画技巧。

总的来说,观察学习、探究学习和创造学习是幼儿学习的三种基本方式,它们分别对应着观察、思考和创新三个不同的学习过程。

四、观察幼儿学习行为的意义

观察幼儿的学习行为,其主要目的在于分析幼儿的心理发展规律和特征,了解他们的学习方式和兴趣。发现幼儿感兴趣的事物、游戏和偶发事件中所隐含的教育价值，把握时机，积极引导，让他们在生活和学习中更好地发展。通过幼儿在学习行为中的表现，能够了解幼儿在发展中的需求。根据维果斯基的教育理论，教师应该观察幼儿的现有水平，评估幼儿可能达到的发展水平，促进幼儿最近发展区的发展，帮助幼儿达到可能范围内最大限度的发展。

（一）了解幼儿的发展水平

通过观察幼儿的学习行为，教师可以了解幼儿在认知、情感、行为等方面的发展水平，为制订针对性的教育计划提供依据。在认知方面，教师可以观察幼儿是否能够集中注意力、理解学习内容、积极思考和解决问题。在情感方面，教师可以观察幼儿在学习过程中的情绪反应和情感体验。在行为方面，教师可以观察幼儿在学习过程中的行为表现和社交能力。例如，观察幼儿是否能够积极参与集体活动、与同伴合作完成任务，是否更喜欢独自行动，或者是否会表现出攻击性行为等。

（二）发现幼儿的兴趣和需求

观察幼儿在学习过程中的兴趣点和需求，有助于教师更好地把握教育方向，设计符合幼儿兴趣和需求的教育活动。可以通过观察幼儿在活动中的表现，对活动的兴趣、参与程度，了解他们自然而然流露出的兴趣点和需求，了解他们对某一个话题、现象或事物的看法、观点等。

（三）分析幼儿的学习困难

通过观察幼儿在学习过程中遇到的问题和困难，教师可以找出幼儿在学习上的薄弱环节，为个别辅导和指导提供依据。通过对幼儿学习行为的观察，教师可以了解幼儿的注意力、理解能力、语言表达能力、自主学习能力等，可以根据幼儿在某一方面存在的学习困难进行教育指导和干预。

（四）评估教育教学效果

评估教育教学效果是确保幼儿全面发展和教学质量的关键环节。观察幼儿在学习过程中的表现，可以深入了解幼儿的学习状态、掌握知识技能的情况以及情感发展情况，从而对教育教学效果进行客观评估。这不仅有助于教师及时调整教学策略，还可以提高教育教学质量，促进幼儿全面发展。通过观察幼儿的学习过程，教师可以了解幼儿的学习特点和个性差异，为每个幼儿量身定制合适的教育方案，激发幼儿的学习兴趣和潜力。同时,教师还可以根据观察结果不断完善自身教学方法和技能,提高教育教学水平,为幼儿的成长提供更优质的教育环境。

(五)抓住教育契机

观察幼儿的学习行为,教师可以更好地捕捉教育契机,适时介入幼儿的活动,提供有针对性的指导,促进幼儿的主动学习。通过观察幼儿的学习行为,教师可以了解幼儿在某些领域的发展水平和特点,从而制订出符合幼儿实际需求的教育计划和活动方案。同时,教师还可以根据观察结果及时调整教学策略,为幼儿提供更加丰富、多样的学习体验,激发幼儿的学习兴趣和创造力。在观察幼儿的学习行为时,教师还需要注重对幼儿情感和社交能力的观察,了解幼儿在集体中的表现和与同伴的交往情况。这有助于教师为幼儿提供更加全面的指导和支持,促进幼儿的全面发展。总之,通过观察幼儿的学习行为,教师可以更好地了解幼儿的需求和兴趣,为每个幼儿提供有针对性的指导,促进幼儿的主动学习和全面发展。同时,教师还需要注重对自身教学方法和技能的反思和提高,为幼儿提供更加优质的教育环境。

任务二

幼儿学习行为的观察要点

小李是一名幼儿园专任教师，所在幼儿园要定期对幼儿进行行为观察与记录。此次，他们需要按照要求对幼儿学习行为要点进行观察，以小组为单位，自觉选择观察要点，撰写观察记录。

任务准备

1. 内容准备：明确需要讨论的主题与内容。
2. 人员准备：6~8人一组，选定小组长，小组成员进行分工。
3. 用物准备：纸、笔、教材及相关参考书。
4. 地点准备：选择讨论的地点和座次。

工作表单

工作表单1

案例分析

案例1：幼儿园中班，幼儿正在上音乐课。教师拿出了各种乐器，如鼓、铃铛和木琴等，引导幼儿观察和触摸不同的乐器，并尝试用这些乐器演奏简单的旋律。幼儿兴致勃勃地参与了这个活动，他们通过敲击乐器、倾听声音，感受音乐的节奏和韵律。

案例2：幼儿园大班，幼儿正在上数学课。教师通过教具“数学塔”引导幼儿学习数的排序和组合。幼儿兴致勃勃地参与了这个活动，他们通过亲自操作教具，直观地理解了数的递增和递减，以及数的组合和分解。

案例3：幼儿园小班，幼儿正在上美术课。老师拿出了各种颜色的颜料和画笔，引导幼儿观察颜色的变化和混合。幼儿兴致勃勃地参与了这个活动，他们触摸颜料的质地、尝试不同颜色。

在上述案例中,教师培养了幼儿哪些方面的能力?

工作表单2

思考总结

学习行为观察要点是教师实施观察行为的目标和方向,是落实观察行为与记录的重要指标。请查阅资料,思考并描述幼儿学习行为的观察要点。

幼儿学习行为的观察要点	幼儿学习行为观察要点细化指标
要点一	
要点二	
要点三	

任务分析

本任务将深入探讨学习兴趣、学习态度、学习环境、学习困难、学习品质等观察要点的实践应用，以期为幼儿教育工作者提供更加全面和深入的观察与分析工具。

学习支持

一、学习兴趣观察要点

学习兴趣是指个体在学习过程中对特定领域或主题产生的积极、持续的兴趣和热情，是一种内在的驱动力，可以促进学习的发生、维持和深化。学习兴趣是个体学习动机的重要组成部分，对激发学习积极性、提高学习效果、促进个人发展具有重要作用。激发幼儿的学习兴趣有利于提高学习积极性、培养自主学习能力以及建立良好的学习习惯。学习兴趣观察要点包括以下几个方面：

（一）对活动的好奇心

幼儿对活动的好奇心是指幼儿对新的活动、新的玩具、新的游戏等所表现出的好奇和兴趣。幼儿对活动的好奇心是幼儿发展的一个重要方面，也是幼儿学习的基础。幼儿对活动的好奇心可以促进他们的学习和发展。当幼儿对某个活动产生好奇心时，他们会更加积极地参与活动，更加专注地探索和发现，从而增进活动的效果和学习成果，同时，也可以培养他们的自主学习能力和创造力。当幼儿对某个活动产生好奇心时，他们会更加愿意独立思考和解决问题，更加愿意尝试新的想法和方法，从而培养他们的自主学习能力和创造力。教师观察幼儿对活动的好奇心时，可以关注以下几个要点：

表 5-2-1　幼儿对活动的好奇心的观察要点

观察要点	具体内容
幼儿的兴趣点	观察幼儿在活动中对哪些事物表现出好奇心，了解他们的兴趣点，以便更好地满足他们的需求
幼儿的参与程度	关注幼儿在活动中的参与程度，积极参与的幼儿往往对活动充满好奇心

续表

观察要点	具体内容
幼儿的提问	注意幼儿在活动中提出的问题,这反映了他们对活动的兴趣和好奇心
幼儿的探索和发现	观察幼儿在活动中的探索和发现过程,他们可能会尝试新的方法、新的角度,表现出对活动的极大好奇心

(二)对活动的探索欲

幼儿对活动的探索欲是指幼儿在参与活动时,表现出对新事物、新知识、新技能的探究欲望。这种欲望源于幼儿天生好奇、好问、好探索的心理特点,是幼儿认识世界、发展自我的一种重要方式。在幼儿阶段,儿童的认知能力、语言能力、运动能力等都在迅速发展,他们对周围的环境、事物、人都充满了好奇心。这种好奇心驱使着他们去探索、去尝试、去发现,从而不断地丰富自己的认知和经验。对于幼儿来说,探索欲的激发和满足是非常重要的。家长和教师应该为幼儿提供丰富、多样、安全、有趣的活动环境和材料,鼓励幼儿大胆探索、勇于尝试,满足他们的好奇心。同时,家长和教师还应该耐心解答幼儿的问题,引导他们进行深入的探索,帮助他们形成良好的探索习惯和态度,培养他们的独立思考能力和创新精神。观察幼儿对活动的探索欲时,可以关注以下几个要点:

1.探究使用多种游戏材料

幼儿在活动中是否愿意尝试不同的游戏材料,以及他们如何使用这些材料进行探索,可以反映出他们的好奇心和探索欲。通常情况下,幼儿对新鲜事物充满好奇,他们愿意尝试不同的游戏材料。通过尝试不同的游戏材料,幼儿可以锻炼自己的感官、认知和动手能力,同时满足他们的好奇心和探索欲。幼儿在使用游戏材料进行探索时,可能会尝试以下几种方式:

(1)观察。幼儿会观察游戏材料的颜色、形状等特点,以及材料之间是否有什么不同。

(2)操作。幼儿会动手操作游戏材料,如摇晃、挤压、搭建等,通过实际操作来探索材料的性质和特点。

(3)比较。幼儿会将不同的游戏材料进行比较,尝试找出它们之间的相似之处和不同之处。

（4）尝试组合。幼儿可能会尝试将不同的游戏材料进行组合，看看是否能创造出新的玩法或结构。

2. 提出问题

幼儿在探索过程中，可能会提出很多问题。这些问题反映了幼儿的思考过程和对知识的渴求，家长和教师应该耐心回答他们的问题，引导他们深入探索。幼儿在探索过程中可能会提出一些问题，如“这个是什么”“为什么它会这样”等，表现出对知识的渴求。常见的提问类型有以下几点：

（1）询问游戏材料的特点。幼儿可能会对游戏材料的颜色、形状等特点产生好奇心，提出“这是什么”“它是什么颜色的”等问题。

（2）询问游戏规则。幼儿在参与游戏时，可能会对游戏规则产生好奇心，如“我们要怎么玩这个游戏”。

（3）询问事物的原理。幼儿在探索过程中，可能会对事物的原理产生好奇心，如“为什么它会这样”。

（4）询问事物的用途。幼儿在探索游戏材料时，可能会对材料的用途产生好奇心，如“这个东西可以用来做什么”。

（5）询问事物的关系。幼儿在探索过程中，可能会对事物之间的关系产生好奇心，如“这个和那个有什么不一样”。

3. 主动动手操作

幼儿在活动中是否能够主动参与，动手操作各种游戏材料，以及他们在操作过程中表现出的好奇心和探索欲，是观察幼儿探索欲的重要指标。教师在观察幼儿主动动手操作时，可以观察以下要点：

（1）操作过程中的自主性。观察幼儿是否能够自发地选择操作材料，自主决定操作的方式和方法，以及独立解决问题。

（2）操作过程中的专注力。观察幼儿在操作过程中的注意力集中程度，以及他们是否能够在遇到困难时保持耐心和专注。

（3）操作过程中的创新性。观察幼儿在操作过程中是否能够发挥自己的想象力和创造力，以及是否能够尝试不同的操作方式和方法。

（4）操作过程中的合作性。观察幼儿在操作过程中是否能够与同伴进行有效的沟通和合作，以及是否能够分享操作经验和成果。

(5)操作过程中的技能运用。观察幼儿在操作过程中是否能够运用已掌握的技能和知识,以及是否能够通过操作来学习和掌握新的技能和知识。观察幼儿在操作过程中展现出的动手能力,如捏、揉、拼、插、涂等,以及使用工具的技能。

(三)对活动的参与度

活动参与度是指个体在活动中的参与程度和投入程度,通常用来评估个体在活动中的积极性、主动性和专注度。参与度可以表现在个体的行为、情绪、互动和探索等方面。在幼儿教育中,活动参与度是衡量学习态度的一个重要评估指标,幼儿对活动的参与度与学习兴趣密切相关。一般来说,幼儿对活动的参与度越高,他们的学习兴趣就越浓厚。这是因为积极参与活动可以帮助幼儿更好地理解和掌握学习内容,从而提高学习兴趣。同时,学习兴趣也会影响幼儿的参与度,有兴趣的幼儿更容易积极参与活动。教师可以通过设计丰富多样的教学活动,激发幼儿的学习兴趣,从而提高他们的参与度。例如,教师可以利用游戏、绘画、音乐等多种形式进行教学,让幼儿在轻松愉快的氛围中学习,从而提高他们的参与度。同时,教师还应该关注幼儿在学习过程中的表现,及时给予鼓励和支持,帮助幼儿克服困难,提高他们的自信心和参与度。

在幼儿参与度方面,教师可以通过观察幼儿在活动中的表现来了解他们的参与度。以下是观察要点:

(1)幼儿是否积极参与活动,主动与同伴互动,表达自己的观点和想法。

(2)幼儿是否对活动内容感兴趣,表现出专注和投入的态度。

(3)幼儿是否能够在活动中遵守规则和秩序,认真倾听他人的发言,尊重他人的观点和想法。

(4)幼儿是否能够在活动中积极思考问题,提出有建设性的意见和建议。

(5)幼儿是否能够在活动中表现出合作精神,与同伴协作完成任务,共同实现目标。

(6)幼儿是否能够在活动中表现出创造力和想象力,尝试用不同的方法和策略解决问题。

(四)对活动的持续关注

幼儿对活动的持续关注是指幼儿在参与某个活动时,能够保持长时间的注意力和积极参与,表现出对这个活动的浓厚兴趣。这种关注体现了幼儿在学习过程中的主动性和积极性。幼儿对活动的持续关注与学习兴趣之间存在密切的关系。学习兴趣是幼儿在参与学习活动时产生的积极情感，驱使幼儿主动地关注和参与学习过程。而持续关注则是幼儿学习兴趣的具体表现，是幼儿在活动中保持注意力和积极参与的重要因素。一般来说，幼儿对活动的持续关注程度越高，说明他们对活动的兴趣越浓厚，学习效果也越好。当幼儿对某个活动产生持续关注时，他们会在活动中投入更多的精力和时间，主动思考和探索问题，从而更容易掌握知识和技能。同时，持续关注还有助于培养幼儿的专注力、自律性和自主学习能力，为他们的长期发展奠定基础。

二、学习困难观察要点

幼儿学习困难是指在学龄前阶段（通常为3～6岁），幼儿在认知、语言、运动和社会适应等方面，相较于同龄幼儿表现出明显的不足，导致其在学习过程中遇到困难。这些困难可能源于多种因素，如生理、心理、教育和社会环境等。幼儿学习困难的观察要点主要包括几个方面：

（一）注意力缺陷

幼儿注意力缺陷是一种常见的幼儿学习困难，表现为幼儿在学习或进行其他活动时难以集中注意力、容易分心或被周围环境干扰。这可能会导致他们在学习新知识时难以理解和记忆。幼儿注意力缺陷的原因包括生理因素、心理因素、环境因素。生理因素是幼儿的大脑发育尚未成熟，可能导致注意力控制能力不足。心理因素是指幼儿可能对某些刺激（如声音、光线等）过于敏感，或者可能对某些活动（如游戏）过于感兴趣，从而导致注意力分散。环境因素是指幼儿的学习环境过于嘈杂或混乱，可能会影响他们的注意力。

可以采取以下一些措施进行改善：

（1）创造良好的学习环境。例如，减少噪声、光线等干扰因素，保持学习环境整洁有序。

（2）采用多样化的教育方式。结合游戏、绘画、音乐等多种方式进行教学，激发幼儿的学习兴趣。

（3）给予适当的奖励。当幼儿表现出良好的注意力时，可以给予表扬、奖励等正面的反馈。

(二)感知觉困难

幼儿感知觉困难是指幼儿在感知和理解周围环境时遇到的困难,包括对视觉、听觉、触觉、嗅觉和味觉等感官刺激的感知困难。这种困难可能会影响幼儿对事物的认知、学习和适应环境的能力。

表 5-2-2　幼儿感觉困难的观察要点

感知觉困难类型	具体表现	可能导致的结果
对视觉刺激的感知困难	幼儿可能对颜色、形状、大小、距离等视觉特征的感知不准确,或者对视觉刺激的注意力不集中	在阅读、绘画、拼图等视觉任务中表现不佳
对听觉刺激的感知困难	对声音的音量、音调、节奏等特征的感知不准确,或者对听觉刺激的注意力不集中	在语言理解、音乐欣赏、听故事等听觉任务中表现不佳
对触觉刺激的感知困难	对物体的质地、温度、触感等触觉特征的感知不准确,或者对触觉刺激的注意力不集中	在手工制作、体育活动、社交互动等触觉任务中表现不佳
对嗅觉刺激的感知困难	对气味的识别、浓度、距离等嗅觉特征的感知不准确,或者对嗅觉刺激的注意力不集中	在烹饪、园艺、嗅觉游戏等嗅觉任务中表现不佳
对味觉刺激的感知困难	对味道的种类感知不准确,或者对味觉刺激的注意力不集中	在烹饪、园艺等味觉任务中表现不佳

(三)语言障碍

幼儿语言障碍是指在幼儿期(一般为1~6岁)的语言发育过程中,出现明显的困难,导致幼儿在语言表达和理解方面无法达到同龄人的正常水平。这可能会对幼儿的社交互动、学习能力和心理健康产生负面影响。具体表现包括以下几种:

(1)词汇量有限。幼儿在表达时可能只能使用简单的词汇,无法用不同的词汇表达自己的需求和情感。

(2)句子结构不完整。幼儿在表达时可能无法正确使用主谓宾等成分,导致句子结构不完整。

(3)语言表达不流畅。幼儿在表达时可能出现口吃、重复、延长音节等现象,导致语言表达不流畅。

(4)语言理解能力差。幼儿在理解他人的语言表达时可能存在困难,例如无法理解复杂的句子结构、听不懂指令或者无法理解句子中的逻辑关系。

(5)阅读能力有限。幼儿在阅读时可能无法理解文字的意义,或者无法正确朗读文字。

三、学习品质观察要点

幼儿学习品质是指幼儿在学习过程中所表现出的心理、行为和认知方面的特点和倾向。它涵盖了幼儿在学习过程中的想象力与创造力、问题解决、好奇与探索、主动性与参与性、沟通与合作、反思与回顾、专注与坚持等方面的表现。

(一)想象力与创造力

幼儿在学习过程中,会展示出独特的想象力和创造力。例如,在绘画或手工活动中,他们可能会创作出富有个人特色的作品,而在讲故事或玩游戏时,他们可能会即兴发挥,创造新的情节和角色。

(二)问题解决

幼儿在面对学习或生活中的问题时,会尝试运用各种方法寻找解决方案。例如,当他们遇到拼图游戏中的困难时,可能会尝试不同的拼图方法,或者寻求同伴或老师的帮助。

(三)好奇与探索

幼儿对未知事物充满好奇,有强烈的探索欲望。例如,他们可能会对新的玩具或游戏产生浓厚兴趣,不断探索其功能和玩法;在户外活动时,他们可能会对自然环境中的动植物产生好奇心,寻求了解和认识。

(四)主动性与参与性

在学习过程中,幼儿会表现出积极主动的态度,愿意参与各种活动。例如,他们可能会主动举手回答问题,积极参与课堂讨论;在小组活动中,他们可能会主动承担任务,与同伴共同完成任务。

(五)沟通与合作

幼儿在与同伴合作完成任务时,能互相启发、交流想法,共同解决问题。例如,在小组活动中,他们可能会分享自己的想法,听取他人的意见,通过讨论达成共识;在遇到问题时,他们会寻求同伴的帮助,共同解决困难。

（六）反思与回顾

幼儿在学习和游戏过程中，会对自己的行为和结果进行反思。例如，在完成一个任务后，他们可能会回顾自己的表现，思考自己做得好的地方和需要改进的地方；在遇到失败时，他们可能会从失败中学习，调整自己的策略。

（七）专注与坚持

幼儿在学习和游戏中，能保持专注，坚持完成任务。例如，在听故事或进行手工活动时，他们可能会全神贯注，忽略周围的环境干扰；在遇到困难和挑战时，他们可能会表现出耐心和毅力，不轻易放弃。

通过观察幼儿在学习过程中的这些表现，我们可以了解幼儿的认知、情感和社会性发展状况，并有针对性地进行引导和培养。

任务三

幼儿学习行为的解释分析

小李所在幼儿园近期开展了一次关于幼儿学习行为的观察活动。本次活动旨在深入探讨幼儿学习行为的内涵和特点，以期为教育教学提供有力支持。在活动开始前，小李及其团队对学习行为进行了认真学习，明确了观察要点，包括幼儿的积极参与程度、好奇心、合作精神以及解决问题的能力等。现在，小李需要分析幼儿学习行为，以小组为单位，探讨影响幼儿学习行为的因素。

任务准备

1. 内容准备：明确需要讨论的主题与内容。
2. 人员准备：6~8 人一组，选定小组长，小组成员进行分工。
3. 用物准备：纸、笔、教材及相关参考书。
4. 地点准备：选择讨论的地点和座次。

工作表单

幼儿学习行为实录

工作表单 1

视频分析

视频中儿童做了什么？说了什么？有哪些情绪情感？你看到了什么？

工作表单2

小组讨论

结合日常幼儿学习行为的实际，小组讨论幼儿学习行为的分析要点有哪些。

要点一	
要点二	
要点三	
要点四	
要点五	
你认为还有哪些……	

任务分析

在本任务中，我们将从好奇心、自我调节能力、独立性、创造力、想象力、社交能力等方面分析影响幼儿学习行为的因素。通过了解这些因素，可以深入了解儿童的学习行为，从而为教育实践提供有力的支持。

学习支持

一、好奇心的驱使

好奇心是幼儿学习的重要动力，它推动着他们去探索、提问、尝试和学习。幼儿对周围的一切都感到好奇，他们用稚嫩的眼光去观察世界，试图理解周围的一切。在幼儿的学习行为中，好奇心表现为对周围的事物和现象感到好奇，不断提问、观察和探索。他们可能会问很多问题，对周围的一切都感到惊奇和感兴趣。这种好奇心是他们认知、情感和社会性发展的重要组成部分，也是他们日后学习和发展的基础。

二、自我调节能力的发展

幼儿的自我调节能力的发展是一个渐进的过程；随着年龄的增长，幼儿的自我调节能力逐渐增强，他们逐渐学会控制自己的情绪和行为，以适应不同的环境和满足学习要求。这种自我调节能力对于他们的日后学习和生活具有非常重要的意义，不仅能够帮助他们更好地适应环境和应对挑战，还能够促进他们的发展和成长。

在学前阶段，幼儿逐渐学会了识别自己的情绪。他们开始能够意识到自己的愤怒、沮丧或兴奋等情绪，并能够表达这些情绪。在这个过程中，他们也逐渐学会了如何控制自己的情绪表达，以避免在不适合的场合或时间表现出过激的情绪反应。例如，在玩具被抢走或遇到其他挫折时，他们可以通过沟通和寻求帮助来解决问题，而不是通过哭闹或打闹来表达自己的不满。

除了情绪控制，幼儿也逐渐学会了如何控制自己的行为。例如，他们可以学会在适当的时候安静下来，避免干扰他人或造成麻烦。同时，他们也可以学会遵守简单的规则和要求，例如排队等待或按顺序拿取物品。这些行为的控制和调节对于幼儿的日后学习和生活非常重要，它可以帮助他们更好地适应学校和社会的要求，并与他人建立良好的关系。

三、独立性的培养

幼儿的独立性培养是非常重要的。随着年龄的增长，幼儿逐渐表现出越来越强的独立性。在学前阶段，幼儿开始尝试自己做事，追求实现自我价值。他们不再完全依赖成年人，而是开始学会自我决策和自我管理。例如，在日常生活中，他们可以自己选择穿什么衣服、吃什么食物等。这种自我决策和自我管理的能力可以帮助幼儿更好地适应日后的学习和生活环境。除了自我决策和自我管理，幼儿也逐渐学会了独立思考和解决问题。他们开始尝试用自己的方式去理解世界，并尝试解决问题。例如，在遇到玩具组装问题时，他们可以尝试自己寻找解决方案，而不是直接寻求成年人的帮助。这种独立思考和解决问题的能力可以帮助幼儿更好地适应日后的学习和工作环境。

在独立性培养方面，可以通过给予幼儿足够的自由和空间，让他们自由地探索和学习。鼓励幼儿尝试新事物，培养幼儿的勇气和自信心，帮助他们更好地适应新的环境和挑战。总之，幼儿的独立性培养是他们学习和发展的关键。家长和教育工作者需要在孩子的成长过程中给予支持和引导，帮助他们建立良好的个性和提高社会适应能力，为日后的学习和生活打下坚实的基础。

四、创造力和想象力的驱动

创造力和想象力是幼儿学习和发展的关键因素。它们可以帮助幼儿更好地理解新知识，并将其与已知的知识和经验联系起来。同时，创造力和想象力还可以激发幼儿的学习兴趣和积极性，让他们更加主动地参与到学习过程中。学前儿童的创造力和想象力确实非常丰富，他们能够通过简单的材料和环境创造出各种有趣的事物，例如用积木搭建城堡、用彩纸制作花朵等。这种创造力和想象力是幼儿学习和发展的重要资源，可以帮助他们更好地理解和探索世界。

因此，教师在培养幼儿的创造力和想象力时，可以为幼儿提供丰富的材料和环境，例如彩色的纸张、毛线、小珠子等，让他们自由地探索和创造；鼓励幼儿自由发挥，不要限制他们的想法和行为。例如，在制作手工艺品时，可以让幼儿自由选择材料和颜色等,不要过多地干预他们的创作过程。当幼儿遇到问题时,家长和教育工作者可以引导他们解决问题,例如通过思考、尝试和讨论等方式,让他们更加自信和自主地面对问题。总之,幼儿的创造力和想象力是他们学习和发展的重要资源,家长和教育工作者需要给予足够的关注和支持,帮助他们更好地培养自己的创造力和想象力。

五、社交能力的发展

幼儿社交能力的发展是他们成长过程中非常重要的一部分。在这个阶段,幼儿开始学习如何与他人互动、合作和解决问题。他们开始关注他人的情感和行为,并尝试与同伴进行互动和合作。这种社交能力是他们日后与人交往和社会适应的基础。幼儿的社交发展可以分为几个阶段。一开始,幼儿可能只是通过简单的动作和语言来与他人进行互动。随着年龄的增长,他们开始理解他人的情感和需求,并学会更复杂的社交技巧。第二阶段,幼儿开始通过角色扮演和模拟游戏来学习社交技能。例如,他们可能会扮演医生和病人、老师和学生等角色,通过模拟真实的社交情境来学习如何与他人相处。第三阶段,幼儿开始学会与他人合作和协商。例如,他们可能会与其他孩子一起制作一个手工艺品,或者共同制定一个游戏规则。这有助于培养他们的团队合作和协调能力。第四阶段,解决社交问题阶段,在与其他孩子互动的过程中,幼儿会遇到一些社交问题,例如争吵、抢夺玩具等。这时,他们需要学会如何解决这些问题,例如通过沟通和协商来达成共识。

任务四

幼儿学习行为的指导策略

幼儿学习行为观察
要点和指导策略

小李所在的幼儿园正在进行一次幼儿学习行为的观察活动。小李选择了“合作与分享”作为观察要点，并记录了幼儿在区角游戏中的表现。那么小李会如何对幼儿进行指导？以小组为单位，讨论幼儿学习行为的指导策略。

任务准备

1. 内容准备：明确需要讨论的主题与内容。
2. 人员准备：6~8人一组，选定小组长，小组成员进行分工。
3. 用物准备：纸、笔、教材及相关参考书。
4. 地点准备：选择讨论的地点和座次。

工作表单

工作表单

小组讨论

根据幼儿学习行为的分析与解释，讨论有哪些指导策略。

策略一	
策略二	
策略三	

续表

策略四	
你认为还有哪些……	

任务分析

幼儿学习行为的指导策略需要建立在深入了解幼儿学习特点和发展阶段的基础之上。指导策略应强调情境性、游戏性和探索性，以激发幼儿的学习兴趣和积极性。本次任务我们将深入探讨幼儿学习行为的指导策略，探讨以哪些方式来激发幼儿的学习行为。

学习支持

一、教师对幼儿学习方法进行个性化指导

个性化指导是一种针对个人特点和需求的教育方法，旨在为每个学生提供适合他们的学习资源和活动，帮助他们发挥潜能，提高学习效果。个性化指导需要考虑学生的个体差异，包括认知、语言、运动、情绪等方面的发展水平，以及学生的兴趣爱好和特长，给予学生适当的指导和帮助。个性化指导可以激发学生的学习兴趣和积极性，提高他们的学习自信心。

对幼儿学法进行个性化指导可以从以下几个方面着手：第一，评估幼儿的发展水平。首先需要对幼儿的认知、语言、运动、情绪等方面的发展水平进行全面评估，了解他们的长处和短处，以便制订更具针对性的指导策略。第二，制订个性化的学习计划。根据幼儿的发展水平，制订适合他们的学习计划，包括学习目标、学习内容和学习方法。学习计划应具有一定的灵活性，以适应幼儿的成长变化。第三，创设丰富的

学习环境。为幼儿提供丰富多样的学习资源和活动,满足他们的兴趣爱好和发展需求。同时,创设一个安全、舒适、有趣的学习环境,激发幼儿的学习兴趣和积极性。第四,采用多元化的教学方法。针对幼儿的个性化需求,采用讲解、演示、讨论、实践等多种教学方法,帮助幼儿掌握知识和技能,培养他们的自主学习和合作学习能力。第五,加强家园合作。与家长保持密切沟通,共同关注幼儿的学习和成长,为幼儿提供家庭与学校相结合的教育支持。及时了解幼儿在家庭环境中的学习情况,调整个性化指导策略。第六,定期评估与反馈。定期对幼儿的学习进展进行评估,及时发现并解决学习中存在的问题。通过评估结果调整学习计划,确保幼儿在适当的指导下取得良好的学习效果。

二、教师开展游戏化教学

幼儿学习行为游戏化教学是一种以游戏为主要教学方式的教育方法,旨在通过吸引儿童参与有趣的游戏活动,达到教育目的。游戏化教学可以提高幼儿的学习兴趣,激发他们的学习动机,帮助他们更好地掌握知识和技能。

在游戏化教学中,教师需要根据教学目标和幼儿的发展水平,设计富有挑战性和趣味性的游戏活动。这些活动应涵盖认知、语言、运动、情绪等多个方面,以促进幼儿的全面发展。同时,教师还需关注幼儿在游戏中的表现,适时给予引导和支持,帮助幼儿克服困难,取得进步。

实施游戏化教学时,应注意以下几点:第一,确保游戏的安全性和教育性。游戏活动应符合幼儿的年龄特点和发展需求,避免过于激烈或危险的游戏。同时,游戏应具有一定的教育意义,帮助幼儿在游戏中学习新知识、培养新技能。第二,创设轻松愉快的学习氛围。教师应以鼓励、支持的态度参与游戏,与幼儿建立良好的互动关系,让幼儿感受到学习是一件愉快的事情。第三,注重幼儿的自主性和合作性。游戏化教学应鼓励幼儿自主选择游戏内容、玩法和同伴,培养他们的自主性和自信心。同时,通过小组合作、角色扮演等方式,培养幼儿的团队合作意识和沟通能力。第四,定期评估与反馈。教师应定期观察和记录幼儿在游戏中的表现,评估他们在认知、语言、运动、情绪等方面的发展水平。根据评估结果,调整游戏活动内容和难度,确保幼儿在适当的指导下取得良好的学习效果。幼儿学习行为游戏化教学是一种富有创意和趣味的教学方法,可以帮助幼儿在轻松愉快的氛围中学习和发展。

三、教师发挥环境的教育作用

幼儿园可以通过以下方式创造丰富的互动环境，促进幼儿的自主探索和学习：第一，设立不同主题的区域活动。幼儿园可以设置不同主题的区域活动，如生活区、阅读区、科学区、艺术区等，提供丰富的材料和玩具，让幼儿根据自己的兴趣和能力选择活动区域，进行自主探索和学习。第二，提供丰富的自然材料。幼儿园可以提供各种自然材料，如树叶、石头、贝壳、沙子等，让幼儿进行观察、比较、分类等探索活动，培养幼儿的观察力和创造力。第三，创设角色扮演区。幼儿园可以创设角色扮演区，如医院、商店、幼儿园等，提供各种角色扮演的道具和服装，让幼儿通过角色扮演，学习社会知识和人际交往技能。第四，开展集体活动。幼儿园可以开展各种集体活动，如故事会、歌咏比赛、手工制作等，让幼儿在集体活动中，培养团队合作精神和社交能力。第五，鼓励幼儿提问和表达。幼儿园应鼓励幼儿提问和表达，对幼儿的问题和表达给予积极的回应和鼓励，培养幼儿的好奇心和探究欲望。

四、教师调整在幼儿学习行为中的角色

教师在幼儿学习行为中的角色应该是多方面的，主要包括以下几个方面：

第一，教师是幼儿学习行为发生的引导者和支持者。教师需要引导幼儿学习，激发他们的学习兴趣，帮助他们理解学习内容，提供学习的方法和策略。此外，教师应该为幼儿提供学习所需的环境和资源，支持他们解决在学习中遇到的困难，帮助他们建立自信心。第二，教师是幼儿学习行为发生的合作者和促进者。教师需要和幼儿一起学习，参与到他们的学习过程中，和幼儿一起分享学习的快乐和挑战。教师需要关注幼儿的学习进度，及时调整教学策略，以适应幼儿的学习需求，促进他们的全面发展。第三，教师是幼儿学习行为发生的评价者。教师需要对幼儿的学习行为和学习成果进行评价，提供反馈，帮助幼儿了解自己的学习情况，为他们的下一步学习提供参考。

总的来说，教师在幼儿学习行为中的角色应该是积极的、引导的、支持的、合作的和促进的。教师需要根据幼儿的学习需求和情况，灵活调整自己的角色，以实现对幼儿的有效指导。

项目评价

一、小组评价

主题	内容	优秀	良好	一般	较差	很差
学习态度	能准时参加全部课程，按时提交作业，及时查阅教师上传的学习材料	5	4	3	2	1
专业知识	了解幼儿学习行为的定义和重要性，熟悉幼儿学习行为的类型和特点，掌握幼儿学习行为的观察要点，了解幼儿学习行为的指导策略	5	4	3	2	1
研讨精神	积极参与讨论，对其他人的发言能提出合理的分析和见解	5	4	3	2	1
团队协作	能很好地融入课堂小组讨论，共同推进学习进程	5	4	3	2	1
沟通交流	能够清晰准确地表达自己的观点，与他人交流时态度语气恰当	5	4	3	2	1
人文素养	能够关注幼儿学习的相关知识，有意识地树立职业精神	5	4	3	2	1
信息素养	会检索常见的学前教育专业文献数据库，主动阅读学前教育文献	5	4	3	2	1
实践应用	能分析儿童学习行为；能根据对儿童学习行为的分析提出指导策略	5	4	3	2	1
自我小结						
考核结果						

二、小组讨论报告

班级：　　　　　　姓名：　　　　　　讨论日期：

一、讨论主题
二、讨论过程
三、总结与反思

项目小结

本项目主要学习了幼儿学习行为的概述、观察要点、解释分析和指导策略。教育者要了解学习和学习行为的基本概念，学习行为的分类，以及对幼儿学习行为进行观察的意义；从好奇心、探索欲、参与度、持续关注等四方面了解幼儿的学习兴趣，从注意力缺陷、感知觉困难、语言障碍等三方面了解幼儿的学习困难，从想象力与创造力、问题解决、好奇与探索、主动性与参与性、沟通与合作、反思与回顾、专注与坚持等方面了解幼儿的学习品质。在观察的基础上，教师须从好奇心的驱使、自我调节能力的发展、独立性的培养、创造力和想象力的驱动、社交能力的发展五个方面对学习行为进行解释和分析，并在幼儿的学习活动中对幼儿学习方法进行个性化指导、开展游戏化教学、重视发挥环境的教育作用、调整自己在幼儿学习行为中的角色。这些策略有助于教育者帮助幼儿提升学习效果，促进幼儿的全面发展。

实践实训

一、实训目的

1. 加深对幼儿学习行为特点和规律的理解。

2. 提高观察和分析幼儿学习行为的能力。

3. 掌握针对幼儿学习行为的指导策略和方法。

二、实训内容

1. 观察和记录幼儿在学习活动中的行为表现，包括学习兴趣、注意力、参与程度、合作精神等方面。

2. 观察和记录幼儿在学习活动中的学习成果，如知识掌握、技能习得、情感态度等。

3. 分析和解读观察到的幼儿学习行为，结合儿童认知发展水平，总结其学习行为的特点和规律。

4. 根据观察和分析结果，设计和实施针对幼儿学习行为的指导策略，包括教学方法、教育环境、师生互动等方面。

5. 反思实训过程，总结自己在观察和指导幼儿学习行为方面的优点和不足，并提出改进措施。

推荐阅读

[1]张永红，海鹰，张丹枫．幼儿学习与发展[M]．北京：北京师范大学出版社，2013.

[2]管旅华，纪秀君．儿童学习与发展评价[M]．上海：华东师范大学出版社，2021.

[3]莎曼，等．观察儿童：实践操作指南[M].3版．单敏月，王晓平，译．上海：华东师范大学出版社，2008.

项目六

幼儿社交行为的观察与指导

学习目标

知识目标

(1)了解幼儿社交行为的概念。

(2)熟悉幼儿社交行为的特点以及影响因素。

(3)熟悉幼儿社交行为的观察要点。

(4)掌握幼儿社交行为的分析方式。

(5)掌握幼儿社交行为的指导策略。

能力目标

(1)能够客观、细致地观察幼儿的社交行为表现,发现问题并及时记录。

(2)能够通过不同的方式分析幼儿社交行为,并能开展幼儿社交行为的指导。

职业素养目标

(1)通过观察幼儿的社交行为,培养对幼儿的同理心和关爱之情。

(2)通过分析幼儿的社交行为,培养责任感和使命感,关注幼儿的整体发展。

(3)通过观察和指导幼儿社交行为,培养耐心、细心等美德,提升情绪管理能力。

学习重难点

学习重点

(1)掌握幼儿社交行为的观察要点。

(2)熟悉幼儿社交行为的分析方式。

(3)了解幼儿社交行为的指导策略。

学习难点

能选择恰当的方式分析和指导幼儿社交行为。

思维导图

- 幼儿社交行为的观察与指导
  - 幼儿社交行为的概述
    - 幼儿社交行为的概念
    - 3~6 岁幼儿社交行为的特点
    - 影响幼儿社交行为的因素
    - 幼儿社交行为发展的意义
  - 幼儿社交行为的观察要点
    - 幼儿社交行为观察前的准备
    - 幼儿社交行为的观察要点
    - 幼儿社交行为观察后应注意的事项
  - 幼儿社交行为的解释分析
    - 幼儿缺乏社交行为的解释分析
    - 幼儿具备良好社交行为的解释分析
    - 通过多种形式分析幼儿的社交行为
  - 幼儿社交行为的指导策略
    - 幼儿园如何培养幼儿良好的社交行为
    - 家长如何培养幼儿良好的社交行为

任务一

幼儿社交行为的概述

小张是一名刚入职的幼儿园年轻教师，前不久接到园里的教研任务，是以幼儿社交行为概述为主题撰写研讨材料，须包括幼儿社交行为表现、幼儿社交行为的影响因素、幼儿社交行为的重要性等相关信息。

任务准备

1. 物质准备：学前幼儿社交行为的视频、纸张、笔。
2. 经验准备：学生前期学习过与幼儿社交行为相关的课程。

纪录片《幼儿园》片段（幼儿社交行为）

工作表单

工作表单 1

视频分析

视频中儿童做了什么？说了什么？有哪些社交行为表现？你看到了什么？

工作表单 2

小组讨论

结合之前的学习和本次任务的知识点,讨论归纳幼儿社交行为特点。

幼儿社交行为的特点

工作表单 3

小组讨论

影响幼儿社交行为的因素。

因素 1	
因素 2	
因素 3	
因素 4	

续表

因素5	
因素6	
其他	

工作表单4

思考总结

幼儿社交行为发展的意义有哪些？

意义一	
意义二	
意义三	
意义四	
意义五	
你还知道的意义……	

任务分析

本任务我们将深入探讨幼儿社交行为的各个方面，了解幼儿社交行为的含义和特点，以及社交对他们发展的意义。通过理解这些方面，我们可以更好地观察幼儿的社交行为，并与他们进行互动，必要时提供适当的支持和指导。

学习支持

一、幼儿社交行为的概念

幼儿社交行为是指儿童在与他人互动和交往过程中展现出的行为和技能。

幼儿社交行为的发展对于他们的整体成长和学习非常重要。通过积极参与社交互动，儿童能够建立和维持与他人的关系，并学会合作、分享、尊重他人的权益和意见。这些社交技能不仅有助于儿童在学校和社交环境中适应和融入，也对他们未来的人际关系和职业发展有着深远影响。

二、3～6岁幼儿社交行为的特点

（一）关注他人

3～6岁的幼儿开始关注他人，能够表达对他人的兴趣和情感，并展示出一定的友善和合作行为。

（二）开始合作和分享

在这个阶段，幼儿开始主动与其他儿童进行合作和分享。他们能够一起完成简单的任务，分享玩具和社交材料，并开始理解和尊重他人的意见和需求。

（三）发展出社交技能

3～6岁的幼儿逐渐发展出一些基本的社交技能，如与他人交流和互动、用适当的方式表达自己的需求和感受、倾听他人的意见。他们开始学会通过语言和非语言方式与他人沟通。

(四)表现出冲突和竞争

这个阶段的幼儿会表现出一些冲突和竞争的情况。他们可能会因为玩具、社交或资源的分配而发生争执,需要学会通过合理的方式解决冲突,如协商或寻求成人的帮助。

(五)开始表现出同理心

3~6岁的幼儿开始展示出一定程度的同理心,能够理解他人的情感和需求,并表现出关心和帮助他人的行为。

(六)学会遵守规则

在这个阶段,幼儿开始学会遵守社交规则,虽然他们可能还需要成人的引导和提醒,但能够意识到规则的存在和重要性。

这些特点是3~6岁幼儿社交行为的典型表现。教师和家长的指导和引导,可以帮助幼儿逐渐养成健康、积极的社交行为习惯。

三、影响幼儿社交行为的因素

幼儿社交行为的发展受到多种因素的影响,以下是一些主要的因素:

(一)家庭环境

家庭是幼儿最主要的社交环境,家庭成员之间的互动和家庭氛围对孩子的社交行为产生重要影响。父母的教养方式、家庭的支持和关注程度、家庭成员间的互动质量都会影响儿童的社交行为发展。

(二)同伴关系

与同龄儿童的互动和交往对幼儿的社交行为发展至关重要。通过与同伴的合作、分享、争论和解决冲突,儿童能够学习社交技能、发展友谊关系,并了解社交规范和行为准则。

(三)学前教育环境

学前教育机构的质量和教师的专业水平对幼儿的社交行为发展起着重要作用。在良好的学前教育环境中,教师可以提供丰富的社交机会和经验,培养儿童的社交技能和社交智能。

（四）个体特点

每个幼儿都是独特的个体，他们的性格特点、情绪管理能力、自我控制能力以及认知发展水平都会影响其社交行为的表现和发展。

（五）文化因素

文化背景对幼儿社交行为的发展也有一定影响。不同文化背景对社交行为的期望和规范可能存在差异，进而影响儿童的社交发展。

（六）媒体和科技

现代科技的普及给幼儿的社交行为带来了新的影响。使用电视、社交媒介等的时间和方式会影响儿童与他人的互动和交流能力。

通过了解这些因素，家长和教育者可以更好地支持幼儿的社交行为发展，提供适当的环境和指导，促进其健康、积极地社交互动。

四、幼儿社交行为发展的意义

幼儿社交行为的发展具有重要的意义，主要体现在以下几个方面：

（一）建立健康的人际关系

幼儿时期是建立健康人际关系的关键时期。通过与家庭成员和同伴的互动，幼儿学会合作、分享、尊重和解决冲突，建立起积极、亲密的友谊关系，为未来的人际交往打下基础。

（二）发展社交技能和社交智能

幼儿通过社交互动和经验的积累，学习到很多社交技能，如交流、表达情感、倾听、合作和解决问题等。这些技能不仅对儿童当前的社交互动有益，也是未来人际交往和适应社会的重要基础。

（三）增强情感认知和情绪调节能力

幼儿通过与他人的互动，认识和理解自己的情感和他人的情感，学会与他人共情和表达情感。同时,社交互动也给儿童提供了情绪调节的机会,帮助他们学会控制情绪、解决冲突和适应不同的社交情境。

(四)培养社会责任感和道德价值观

幼儿通过社交互动和观察他人的行为,了解社会规范、价值观念和道德准则。他们逐渐形成对他人的关心、帮助和尊重,培养出社会责任感和道德意识。

(五)促进学习和发展

幼儿的社交互动和合作经验对他们的认知发展和学习能力有积极影响。通过与他人的合作和分享,儿童能够扩展自己的知识、发展创造性思维和解决问题的能力。

综上所述,幼儿社交行为的发展对于他们健康、全面地成长具有重要的意义,家长和教育者应该重视和支持儿童的社交发展。

任务二

幼儿社交行为的观察要点

新进幼儿园教师小宋接到任务要完善本班幼儿社交行为的观察记录本，观察记录本需要包含观察时间、观察地点、观察对象等，特别强调注意涵盖幼儿社交行为的观察要点。

任务准备

1. 物质准备：幼儿不同社交行为的视频、纸张、笔。

2. 经验准备：学生前期学习过与幼儿社交行为相关的课程。

工作表单

工作表单 1

小组讨论

通过小组讨论分析，结合日常幼儿社交实际，讨论出开展幼儿社交行为观察前应该做哪些准备。

准备一	
准备二	
准备三	
准备四	
你认为还有哪些……	

工作表单2

小组讨论

结合幼儿园幼儿社交行为实际，讨论出幼儿的社交行为观察后把握的要点。

要点一	
要点二	
要点三	
要点四	
要点五	

工作表单3

小组讨论

观看幼儿园幼儿不同社交行为的视频，结合幼儿园幼儿的社交行为的实际，讨论出幼儿的社交行为观察后应注意的事项。

注意事项一	
注意事项二	
注意事项三	
注意事项四	
注意事项五	
注意事项六	
你认为还有哪些注意事项……	

任务分析

本任务我们将深入探讨幼儿社交行为观察前的准备，在观察幼儿社交行为过程中应注意的事项，以及掌握幼儿社交行为观察的要点。通过掌握这些要素，我们能更好地开展幼儿社交行为的观察。

学习支持

一、幼儿社交行为观察前的准备

在观察幼儿的社交行为之前，以下这些准备工作可以帮助观察者更好地进行观察：

（一）学习关于幼儿社交发展的知识

了解幼儿在社交方面的典型发展路径，以及他们在不同年龄阶段可能表现出的行为特征和能力，能帮助观察者更好地理解观察到的行为，并给幼儿提供合适的支持和指导。

（二）选择观察环境

选择一个适合观察的环境，例如幼儿园或家庭环境等，确保环境安全、舒适，并且幼儿有足够的机会进行社交互动。

（三）选择观察时间

选择观察幼儿社交行为的适当时间段，例如在幼儿园的集体活动时间、自由玩耍时间或与其他孩子互动的时间等。

（四）准备观察工具

可以准备一些观察工具，如观察记录表格或笔记本，以便记录观察到的行为。这可以帮助观察者更准确地记录和分析观察结果。

通过做好以上准备，观察者可以更好地进行幼儿社交行为观察，并从中获取有价值的信息来支持幼儿的社交发展。

二、幼儿社交行为的观察要点

(一)语言交流与非语言交流

语言交流是幼儿社会交往行为的核心,有助于幼儿与外界世界建立沟通和理解的桥梁。幼儿通过语言表达自己的想法、需求和感受,并使用语言与他人进行积极、有效的互动和交流。观察者通过观察幼儿的说话、提问和回答等行为,可以很好地了解幼儿的需求、情感和想法。除了语言,幼儿还通过肢体动作和面部表情等非语言来传达情感和意图,如用微笑、拥抱、握手或挥手等行为来表达友好和亲近;通过皱眉、哭泣或推开他人等行为来表达不满或拒绝。

幼儿的语言交流和非语言交流行为是相辅相成的,共同构成了幼儿与外界交流和互动的重要方式。因此,作为教育者应该多观察幼儿这两种交流行为来了解幼儿的内心活动,及时回应和满足幼儿的需求,为幼儿社交能力发展奠定良好的基础。

(二)合作与分享

合作与分享是幼儿社交行为非常重要的组成部分。在幼儿园一日生活中,幼儿需要学会与其他小朋友共同完成任务或游戏,需要学会分享玩具、社交材料和资源等,这些行为有助于培养幼儿的团队合作精神和社交技能。在分享方面,幼儿学会将自己的玩具、书籍、食物等与他人分享,并理解分享的意义和价值。通过分享,他们不仅培养了慷慨大方的品质,还学会了在交往中考虑他人的需求和感受。

(三)尊重与信任

尊重与信任是帮助幼儿建立良好人际关系的重要因素。尊重,是社会交往的基石。幼儿期是孩子们形成对他人尊重态度的关键时期,幼儿需要学会尊重他人的意见、感受、权利和选择。在幼儿社交中,我们可以引导孩子们通过观察和模仿来学会尊重。比如,当孩子们看到大人之间互相尊重、礼貌交流时,他们也会逐渐模仿这种行为。同时,我们还可以通过一些具体的活动,如角色扮演、故事讲解等,来帮助他们理解尊重的含义,并学会在日常生活中实践。信任,则是社交的纽带。在幼儿社交中,信任的建立往往基于孩子们之间的共享经验、共同目标和相互支持。当孩子们感受到同伴的关心和支持时,他们就会更容易产生信任感。为了培养孩子们的信任感,我们可以为他们提供与同伴合作、分享和解决问题的机会。总之,尊重和信任是相辅相成的。一个懂得尊重他人的孩子，往往也更容易赢得他人的信任；而一个被他人信任的孩子，也会更加懂得尊重他人。因此，作为教育者需要通过引导、示范和实践等多种方式，来帮助孩子建立起良好的社交行为，为他们的未来发展奠定坚实的基础。

（四）自我控制与规则遵守

幼儿期是孩子自我控制能力发展的关键时期。幼儿学会控制自己的情绪和行为，可以更好地适应社交环境。通过游戏、角色扮演等活动，我们可以帮助幼儿理解并体验自我控制的重要性。例如，在游戏中设定规则，让幼儿学会遵守规则并理解违反规则的后果，从而培养他们的自我控制能力。

规则遵守是幼儿社交中的基本要素，也是幼儿与他人和谐相处的保障。在幼儿教育中，我们需要向幼儿明确传达规则的意义和重要性，并引导他们自觉遵守规则。这可以通过一日生活中的点滴教育来实现，比如教导幼儿排队、轮流玩玩具、保持安静等。同时，家长和教师也要成为幼儿遵守规则的榜样，以身作则，让幼儿在模仿中学会遵守规则。这些内容是幼儿社交行为的核心要素，通过培养和发展这些方面的能力，可以帮助幼儿建立良好的社交关系，促进他们的整体发展和学习。

（五）解决冲突

在幼儿社交中，冲突行为是不可避免的一部分，而如何有效地化解这些冲突，对于幼儿的社交能力发展至关重要。幼儿需要学会以积极的方式解决与其他幼儿之间的冲突 。他们需要学会有效地沟通和协商，尊重他人的观点，寻求协商和解决方案，或者寻求成人的帮助。当幼儿之间出现冲突时，他们可能会尝试不同的解决策略。有些幼儿可能会选择直接表达不满或寻求帮助，而有些幼儿则可能通过谈判、妥协或寻找替代方案来解决问题。这些冲突解决的过程有助于幼儿学习如何处理人际关系和应对挑战，学会处理与其他小朋友之间的冲突，并理解解决冲突的重要性。通过解决冲突，幼儿不仅培养了解决问题的能力，还学会了在交往中保持冷静和理智。

三、幼儿社交行为观察后应注意的事项

（一）分析观察到的行为

回顾你所记录的观察结果，分析儿童的社交行为。注意观察到的行为是否符合幼儿的典型发展路径，以及是否存在任何异常或需要额外支持的行为。

（二）识别行为模式和趋势

观察是否存在某种行为模式或趋势。例如，某个幼儿可能更喜欢独立玩耍，而另一个幼儿可能更喜欢与其他孩子互动。这些模式和趋势可以帮助观察者更好地理解儿童的社交偏好和能力。

（三）确定儿童的社交能力

观察结果可以帮助观察者评估幼儿的社交能力。注意他们在与其他儿童和成人互动时的表现，包括沟通能力、合作能力、共享和交流的能力等。

（四）寻找支持和指导的机会

如果观察结果显示某个幼儿在社交方面存在困难或需要额外支持，那么观察者可以寻找相应的支持和指导的机会，包括与儿童的家长、教育专家或儿童心理学家进行沟通和协商。

（五）制订个性化的支持计划

根据观察结果，制订个性化的支持计划，以帮助幼儿在社交方面取得进步，包括提供特定的社交技能训练、提供合适的社交互动机会或与其他专业人士合作。

（六）关注儿童的情绪和心理健康

在观察结果中也要关注幼儿的情绪和心理健康，如是否存在焦虑、自卑、孤独等情绪问题，以及是否需要进一步的心理支持和干预。

通过把握以上要点，观察者可以更好地理解幼儿的社交行为观察结果，并为他们提供适当的支持和指导，促进他们的社交发展和健康成长。

任务三

幼儿社交行为的解释分析

丽丽老师发现班上的小朋友，虽然年龄都差不多，但是一些社交行为差别很大，比如有的小朋友总是与其他小朋友一起玩耍，有的小朋友总是独自玩耍，有的小朋友很善于表达自己的想法，有的小朋友说话时经常断断续续。丽丽老师决定对幼儿的社交行为差异进行分析，以便有针对性地进行指导。

任务准备

1. 物质准备：幼儿不同社交行为的视频、纸张、笔。

2. 经验准备：学生前期学习过与幼儿社交行为相关的课程。

工作表单

工作表单 1

小组讨论

通过小组合作讨论，讨论出幼儿缺乏社交行为的表现有哪些。

表现一	
表现二	
表现三	
表现四	
表现五	
表现六	
表现七	
你认为还有哪些……	

工作表单2

小组讨论

观看幼儿园幼儿不同社交行为的视频或案例，结合实际，讨论幼儿缺乏社交行为的原因。

原因一	
原因二	
原因三	
原因四	
原因五	
原因六	
你认为还有哪些……	

工作表单3

小组讨论

通过小组合作讨论，讨论出幼儿具备良好社交行为的表现有哪些。

表现一	
表现二	
表现三	
表现四	
表现五	
你认为还有哪些……	

工作表单4

小组讨论

观看幼儿园幼儿不同社交行为的视频或案例,结合实际,讨论出幼儿具备良好社交行为的原因。

原因一	
原因二	
原因三	
原因四	
原因五	
你认为还有哪些……	

任务分析

本任务我们将深入探讨幼儿缺乏社交行为的表现以及幼儿缺乏社交行为的原因,认识幼儿具备良好社交行为的表现以及幼儿具备良好社交行为的原因。教师须把握这些要素,便于后续更好地为幼儿的社交行为提供指导。

学习支持

一、幼儿缺乏社交行为的解释分析

(一)幼儿缺乏社交行为的表现

1.孤独和退缩

缺乏社交行为的幼儿更喜欢独自玩耍,不愿意主动与其他儿童互动,或者在群体中表现出退缩和回避。

2.没有朋友

这些儿童没有与同龄儿童建立良好的友谊关系,缺乏与其他儿童互动的机会。

3.交流困难

幼儿缺乏社交行为表现为沟通困难。他们不善于表达自己的想法和情感,或者在与他人交流时出现困难。

4.社交技能不成熟

这些儿童缺乏适当的社交技能,如分享、合作、等待、倾听和回应他人等。

5.注意力不集中

缺乏社交行为的幼儿在与他人互动时注意力不集中,难以参与到社交活动中去。

6.易出现情绪问题

这些儿童表现出焦虑、自卑、孤独等情绪问题,这是缺乏社交行为所带来的负面影响。

7.不善于处理冲突

缺乏社交行为的幼儿缺乏解决冲突和处理人际关系的能力,容易陷入争吵或冲突中。

如果你观察到幼儿缺乏社交行为的表现,可能需要关注并采取适当的支持措施,例如提供社交技能培训、组织社交互动活动、鼓励他们与他人合作和分享等,以帮助他们发展社交能力和建立良好的人际关系。同时,与儿童的家长和专业人士合作,寻求额外的支持和指导也是很重要的。

(二)幼儿缺乏社交行为的原因

1. 不良家庭环境

家庭环境对幼儿的社交行为发展有着重要影响。如果孩子在家中缺乏与他人互动的机会,或者家庭成员对社会交往不重视,可能会导致幼儿缺乏社交行为。

2. 个性内向

每个幼儿的个性特点都不同,有些儿童天生内向、害羞或者缺乏自信,这影响他们主动参与社交互动和建立人际关系的能力。

3. 缺乏机会

如果幼儿缺乏与同龄儿童互动的机会,比如没有上幼儿园、没有兄弟姐妹或者生活在较为孤立的环境中,他们缺乏锻炼社交技能的机会。

4. 社交焦虑

有些幼儿对社交互动感到焦虑或不安,害怕被拒绝或评判,因此他们更愿意回避社交场合,导致缺乏社交行为。

5. 发展延迟

一些幼儿在社交能力的发展上存在一定的延迟,这与他们的认知、语言或者情绪发展有关。

6. 学习困难

如果幼儿面临学习困难,比如语言障碍或者认知障碍,他们会将更多的精力放在应对学习问题上,而忽视了社交互动的重要性。

请注意,以上只是一些常见的原因,每个幼儿的情况都是独特的,存在多种因素交织影响其社交行为发展的情况。如果您对某个幼儿的社交行为有疑虑,建议向专业人士(如儿科医生、心理学家或教育工作者)进行咨询并进一步评估。

二、幼儿具备良好社交行为的解释分析

(一)幼儿具备良好社交行为的表现

1. 主动互动

具备良好社交行为的幼儿通常会主动与他人互动,表现出对他人的兴趣和关注。他们会主动与其他孩子一起玩耍、分享玩具,并表达友善的态度。

2. 合作与分享

这些幼儿会愿意与其他孩子合作，共同完成任务或玩耍。他们会愿意与他人分享玩具、食物或其他资源，并理解与他人分享的重要性。

3. 礼貌与尊重

具备良好社交行为的幼儿会使用礼貌用语，如“请”“谢谢”“对不起”等。他们会尊重他人的意见和感受，不会过分侵犯他人的个人空间和权益。

4. 倾听与回应

这些幼儿会倾听他人的发言，并适当地回应。他们会表现出关注他人的言语和非言语信号，例如眼神接触、微笑、点头等，以展示积极的参与和支持。

5. 解决冲突

具备良好社交行为的幼儿会有效地解决冲突和处理分歧。他们会尝试通过沟通和合作来解决问题，并展示出灵活的思维和妥协的态度。

请注意，每个幼儿的发展速度不同，他们的社交行为表现也会有所不同。这些表现只是一些常见的良好社交行为的示例，具体情况还需根据个体的实际表现来评估。

（二）幼儿具备良好社交行为的原因

1. 良好的家庭环境

家庭是儿童最主要的社会化环境之一，良好的家庭环境可以对幼儿的社交行为产生积极影响。如果家庭注重亲子互动、鼓励合作和分享，提供温暖、支持和安全的环境，幼儿更有可能展现良好的社交行为。

2. 良好的角色模型

幼儿常常通过观察和模仿他们身边的成人和同伴来学习社交行为。如果他们身边有具备良好社交行为的角色模型，如父母、老师或其他亲近的成人，他们会受到积极的社交行为范例的影响。

3. 合适的社交经验和机会

幼儿需要有充分的社交经验和机会来发展良好的社交行为。如果他们有机会参与集体活动、与同伴互动、参加社会交往和角色扮演等，他们将有更多机会学习和练习社交技能。

4. 情绪和自我调节能力强

幼儿的情绪和自我调节能力对于展现良好的社交行为至关重要。如果他们能够有效地识别和管理自己的情绪，以及理解和尊重他人的感受，他们更有可能表现出友善、合作和尊重他人的社交行为。

5. 适当的教育和培训

适当的教育和培训也可以帮助幼儿发展良好的社交行为。学校、幼儿园或其他教育机构提供的社交技能培训和指导，可以帮助他们学习合作、沟通、解决冲突等社交技能。

需要强调的是，幼儿的社交行为发展是一个渐进的过程，受到多种因素的影响。每个孩子的情况都是独特的，他们可能会在不同的方面表现出良好的社交行为。家庭、学校和社会共同的努力可以为幼儿提供支持和指导，促进他们发展积极健康的社交行为。

三、通过多种形式分析幼儿的社交行为

（一）通过兴趣解释分析幼儿的社交行为

通过兴趣解释分析幼儿的社交行为可以帮助我们更深入地理解幼儿的行为背后所隐藏的需求和动机。以下是通过兴趣解释分析幼儿的社交行为的几个关键方面：

1. 兴趣反映需求

幼儿的兴趣通常反映了他们的需求。通过观察幼儿的兴趣点，可以了解他们内心的需求和情感表达方式。比如，一个喜欢玩积木的幼儿可能倾向于探索和创造更希望得到认可和肯定。

2. 兴趣引发行为

幼儿的兴趣会直接影响其行为和社交互动方式。通过解释幼儿的兴趣点，可以理解他们为什么会做出某种行为，以及这种行为背后的动机是什么。比如，一个喜欢绘画的幼儿可能通过绘画来表达情感和展示自我。

3. 兴趣促进社交

幼儿的兴趣可以成为促进社交互动和合作的契机。通过理解幼儿的兴趣点，可以为他们提供适当的社交环境和活动，帮助他们建立良好的社交关系和技能。比如，

一个喜欢音乐的幼儿可以通过合唱团或音乐游戏与其他幼儿互动。

4.兴趣反映情绪

幼儿的兴趣也可以反映其情绪状态和情感需求。通过理解幼儿的兴趣点,可以帮助他们更好地表达情感、调节情绪,促进积极的社交互动和情感交流。

通过兴趣解释分析幼儿的社交行为,可以帮助教师更深入地理解幼儿的内心世界和行为动机,为给予其个性化的支持和指导提供依据。这种方法有助于促进幼儿的社交技能和情商发展,培养其积极的社交态度和行为习惯。

(二)通过动机解释分析幼儿的社交行为

通过动机解释分析幼儿的社交行为可以帮助我们更好地理解幼儿行为背后的动机和需要,从而有效指导他们的社交互动。以下是通过动机解释分析幼儿的社交行为的几个关键方面:

1.内在动机

幼儿的社交行为可能受到内在动机的驱使,比如对亲近、合作、认可等需求的追求。通过观察幼儿的行为模式和反应,可以分析他们的内在动机是什么,从而更好地引导他们积极参与社交互动。

2.外在动机

幼儿的社交行为也可能受到外在动机的影响,比如奖励、惩罚、模仿等因素。通过了解幼儿对外部激励的反应,可以分析他们的外在动机是什么,从而设计相应的激励措施,促进积极的社交行为。

通过动机解释分析幼儿的社交行为,可以帮助教师更全面地理解幼儿的行为动机和社交需求,为给予其个性化的支持和指导提供依据。这种方法有助于促进幼儿的社交技能和情商发展,培养其积极的社交态度和行为习惯。

(三)通过情感解释分析幼儿的社交行为

通过情感解释分析幼儿的社交行为可以帮助我们更深入地理解幼儿的情感表达方式、情绪调节能力以及人际关系技能。以下是通过情感解释分析幼儿社交行为的几个关键方面:

1. 情感表达

幼儿的社交行为通常反映了他们的情感表达方式和需求。通过观察幼儿的情感表达方式，比如表情、语言、动作等，可以了解他们的内心情感状态，从而更好地支持和引导他们积极参与社交互动。

2. 情绪调节

幼儿的社交行为也受到情绪调节能力的影响。通过观察幼儿在社交情境中的情绪反应和调节能力，可以分析他们的情绪管理技能和需求，从而提供相应的情绪支持和引导。

3. 人际关系技能

幼儿的社交行为反映了他们的人际关系技能和沟通能力。通过观察幼儿在与他人互动中的表现，可以了解他们的人际关系技能水平和需求，从而帮助他们建立良好的人际关系和友谊。

4. 情感需求

幼儿的社交行为可能受到情感需求的驱使，比如寻求关爱、被理解、得到认可等。通过理解幼儿的情感需求，可以为他们提供相应的情感支持，促进其积极的社交行为和情感发展。

通过情感解释分析幼儿的社交行为，可以帮助教师更深入地理解幼儿的情感表达、情绪调节和人际关系技能，为给予其个性化的支持和引导提供依据。这种方法有助于促进幼儿的社交情商和情感发展，培养其积极的情感态度和提升人际交往能力。

任务四

幼儿社交行为的指导策略

幼儿园从业人员普遍比较关心幼儿的社交行为发展，教师小李有着强烈的职业使命感，想要对不同幼儿的社交行为进行观察与指导，形成可行性指导方案。

任务准备

1. 物质准备：幼儿不同社交行为的视频的解释和分析、纸张、笔。

2. 经验准备：学生前期有幼儿园见习的经验并且开展过幼儿社交行为的解释和分析。

工作表单

工作表单 1

小组讨论

根据幼儿社交行为的分析与解释，从幼儿园的角度讨论有哪些指导策略。

策略一	
策略二	
策略三	
策略四	
策略五	
策略六	
策略七	
你认为还有哪些……	

工作表单2

小组讨论

根据幼儿社交行为的分析与解释,从家长的角度讨论有哪些指导策略。

策略一	
策略二	
策略三	
策略四	
策略五	
策略六	
策略七	
策略八	
你认为还有哪些……	

任务分析

本任务我们将从幼儿园、家长、幼儿同伴的角度深入探讨幼儿社交行为的指导策略,探讨以哪些方式来指导幼儿的社交行为。

学习支持

一、幼儿园如何培养幼儿良好的社交行为

(一)创设积极的社交环境

幼儿园应创造一个积极、支持和友好的社交环境,提供丰富的社交机会和活动,让幼儿能够与同伴互动、合作和分享,建立良好的社交关系。

(二)引导合作和互助

幼儿园可以组织需要合作的社交活动,鼓励幼儿一起完成任务、解决问题。通过合作,幼儿形成团队合作意识和互助精神,学会与他人协作和分享。

(三)教授社交技巧

幼儿园可以教授幼儿一些基本的社交技巧,如打招呼、分享玩具、等待轮次、倾听他人等。通过角色扮演、模仿和情境模拟的方式,帮助他们学会正确的社交行为。

(四)培养友善和尊重的态度

幼儿园应该重视培养幼儿的友善和尊重他人的态度。通过故事和示范,教导他们如何友善地与他人相处,尊重他人的个人空间和权益。

(五)引导解决冲突

幼儿园要教授幼儿妥善处理冲突和解决问题的方法。通过示范和指导,教导他们倾听他人的观点,尊重他人的权益,并寻找合理的解决方案。

(六)培养情感管理能力

幼儿园可以通过情感教育和情绪管理的引导,帮助幼儿掌握情感管理的技巧;教导他们认识和表达自己的情绪、如何应对挫折和不愉快的情绪,以及如何与他人建立积极的情感关系。

(七)与家长合作

幼儿园要与家长保持紧密的沟通和合作,共同关注幼儿的社交发展。与家长分

享孩子在幼儿园的社交表现和进展，家庭与幼儿园协同指导，共同培养孩子良好的社交行为。

关键是，幼儿园的教职工要以身作则，成为幼儿良好社交行为的榜样。通过关注每个幼儿的个体差异和需求，提供个性化的支持和指导，帮助他们建立健康、积极的社交关系。

二、家长如何培养幼儿良好的社交行为

（一）建立亲密关系

与孩子建立亲密、信任和支持的关系是培养良好社交行为的基础。家长要给予孩子充分的关注、爱与陪伴，鼓励他们表达自己的感受和需求。

（二）提供示范和榜样

家长应该成为良好社交行为的榜样，展示友善、合作和尊重他人的态度。通过自身的行为示范，激励孩子模仿和学习。

（三）教授社交技能

家长可以直接教导孩子如何与他人交往，如打招呼、分享玩具、等待轮次、倾听他人等。通过角色扮演、模仿和情境模拟的方式，帮助孩子学会正确的社交行为。

（四）鼓励合作和分享

家长可以鼓励孩子与其他孩子一起玩耍、合作和分享。组织一些合作的社交活动，让孩子学会与他人合作、分享成果。

（五）引导解决冲突

家长要教导孩子如何妥善处理冲突和解决问题，鼓励他们倾听他人的观点，尊重他人的权益，并寻找合理的解决方案。

（六）促进情感管理

家长可以帮助孩子认识和表达自己的情绪，并教导他们适当地应对挫折和不愉快的情绪。通过情感教育和情绪管理技巧的培养，帮助孩子控制和管理自己的情绪，与他人建立积极的情感关系。

（七）提供社交机会

家长可以给孩子提供与其他孩子互动的机会，如上幼儿园、参加社交聚会和社区活动等，让孩子与不同的人接触，培养他们适应多样化的社交环境和人际关系的能力。

（八）给予积极反馈和奖励

及时表扬和奖励孩子的积极社交行为，鼓励他们的努力和进步。通过正面的反馈和奖励，激励孩子持续发展和提升社交能力。

重要的是，家长要与孩子保持良好的沟通和联系，关注他们的社交发展，并提供支持和指导。尊重每个孩子的个体差异和发展进程，耐心引导他们建立健康、积极的社交关系。

项目评价

一、小组评价

主题	内容	优秀	良好	一般	较差	很差
学习态度	能准时参加全部课程，按时提交作业，及时查阅教师上传的学习材料	5	4	3	2	1
专业知识	了解幼儿社交行为的定义和重要性，熟悉幼儿社交行为的类型和特点，掌握幼儿社交行为的观察要点，了解幼儿社交行为的指导策略	5	4	3	2	1
研讨精神	积极参与讨论，对其他人的发言能提出合理的分析和见解	5	4	3	2	1
团队协作	能很好地融入课堂小组讨论，共同推进学习进程	5	4	3	2	1
沟通交流	能够清晰准确地表达自己的观点，与他人交流时态度语气恰当	5	4	3	2	1
人文素养	能够关注幼儿社交的相关知识，有意识地树立职业精神	5	4	3	2	1
信息素养	会检索常见的学前教育专业文献数据库，主动阅读学前教育文献	5	4	3	2	1
实践应用	能分析儿童社交行为，能根据儿童社交行为的分析提出指导策略	5	4	3	2	1

续表

主题	内容	优秀	良好	一般	较差	很差
自我小结						
考核结果						

二、小组讨论报告

班级：　　　　　　　　姓名：　　　　　　　　讨论日期：

一、讨论主题
二、讨论过程
三、总结与反思

项目小结

本项目主要学习了幼儿社交行为的概述、观察要点、解释分析和指导策略。3～6岁幼儿开始关注他人、学会合作与分享、发展社交技能、表现出冲突和竞争、表现同理心、学会遵守规则。幼儿的社交行为发展程度受到家庭环境、同伴关系、学前教育环境、个体特点、文化因素、媒体和科技等因素的影响。教育者在开展幼儿社交行为观察时要做好观察前的准备，把握好观察中的注意事项，在观察后从兴趣、动机、情感三个方面来分析幼儿的社交行为，并从幼儿园、家长的角度给出培养学前儿童良好社交行为的指导策略。

直通赛证

1. 简述影响幼儿社交行为的因素有哪些。

2. 简述幼儿社交行为的指导策略。

实践实训

小组（5~6人）合作完成一项幼儿社交行为的观察与指导工作，并撰写一份1000左右的报告。

推荐阅读

[1]凌辉，李海斌，甘义，等.依恋游戏促进小班幼儿社会自立–社交行为发展的个案研究[J].中国临床心理学杂志，2023，31(5).

[2]陆祥熠.培养幼儿社交智力发展的服务设计研究[J].设计，2021，34(7).

[3]沈阅，武世龙.4～6岁幼儿行为问题现状的调查研究——以鞍山市为例[J].辽宁教育行政学院学报，2021，38(5).

项目七

常见幼儿问题行为的观察与指导

学习目标

知识目标

正确理解幼儿问题行为的类型及表现。

能力目标

能够对幼儿问题行为进行分析和指导。

职业素养目标

（1）树立正确的儿童观，正确看待儿童的问题行为。

（2）尊重幼儿身心发展特点与规律。

（3）尊重幼儿个体差异。

学习重难点

学习重点

能够对常见幼儿问题行为进行观察与分析。

学习难点

能够根据常见幼儿问题行为的观察与分析给予科学指导。

思维导图

- 常见幼儿问题行为的观察与指导
  - 常见幼儿问题行为的类型和表现形式
    - 幼儿问题行为的概念
    - 常见幼儿问题行为的类型和表现形式
  - 常见幼儿问题行为的指导策略
    - 增强行为的常用方法
    - 减弱行为的常用方法
    - 其他矫正行为的方法

任务一

常见幼儿问题行为的类型和表现形式

小明，一个4岁的男孩，特别好动，在课堂上经常从座位上起来走动，拉扯、推搡小朋友，抢夺玩具等。这些行为给其他小朋友带来了困扰和不安，也让刚入职不久的李老师感到头疼。在一次户外活动中，小明看到了一位小朋友手中的玩具车，他非常想要，于是走过去直接抢夺。小朋友不肯放手，小明就用力推搡他，导致小朋友摔倒在地把头磕出血。李老师在协调处理这件事时，向小明的妈妈说："小明在幼儿园总是动个不停，是不是有多动症？他还经常表现出攻击性行为，他在家也是这样吗？"小明的妈妈听了李老师的话非常生气，向园长投诉说李老师对他家孩子有歧视。随后园长对李老师说："我们判断一个孩子是否有问题行为要非常谨慎，要多去观察孩子行为，即使孩子有问题行为也要正确处理，与家长沟通交流的时候，要掌握一定的技巧，才能将家园合作做好，共同促进幼儿成长。"

任务准备

1. 物质准备：幼儿行为观察与分析案例、纸和笔。

2. 经验准备：学生在前置课程已学习过幼儿心理学、幼儿教育学理论知识和分析记录的方法。

工作表单

工作表单

小组讨论

分组讨论常见幼儿问题行为的类型、表现形式，完成工作表单。

常见问题行为的类型	表现形式

任务分析

本任务主要了解幼儿问题行为的概念，掌握常见幼儿生理问题行为、心理问题行为、社会性问题行为，以及三类问题行为的表现形式。

学习支持

一、幼儿问题行为的概念

幼儿问题行为指的是在幼儿（通常指3～6岁）身心发展的过程中，由生理机能失调、环境适应能力不强或心理产生冲突等导致的经常性的不良行为，偶尔性的行为不是问题行为。这些问题行为可能表现为不良的行为习惯、社会适应不良或反社会性等，具有反复发生的行为特点，是一种既影响他人又影响自身发展，偏离社会正常要求或者个人正常发展的行为表现。幼儿的问题行为表现为孤独、焦虑、抑郁等内隐性问题行为，以及攻击、破坏、任性等外显性问题行为两大方面。

二、常见幼儿问题行为的类型和表现形式

（一）幼儿生理性问题行为的类型和表现形式

常见的幼儿生理性问题行为包括遗尿、遗便、食欲不佳、多梦、睡眠不安、夜惊、习惯性阴部摩擦等。这些问题行为可能会对幼儿的生理和心理健康产生负面影响，因此家长和教育者应该关注和解决这些问题。

1. 遗尿、遗便

遗尿、遗便指幼儿不去厕所小便、大便,而是便在床上或者裤子里的行为。如果幼儿在生活中或者睡眠中不自主地排尿、排便,且这种行为频繁而有规律地出现,那么这种行为就是问题行为。如果这种行为是偶尔出现,则不属于问题行为。研究发现,习惯性尿床、尿裤子的幼儿约占幼儿总数的10%。

2. 食欲不佳

食欲不佳是指幼儿长期厌食、挑食和偏食,即长期食欲减退和食欲缺乏,或者在进餐时拒绝吃某种食物,对某种食物没有兴趣或者特别偏好某种食物的不良饮食行为。

3. 多梦、睡眠不安、夜惊

幼儿的大脑皮层兴奋性较高,睡眠时容易被外界刺激唤醒,从而出现多梦、睡眠不安的情况。如果饮食不当,如幼儿在睡前饮食过量、过杂,容易导致胃肠功能紊乱,也会影响睡眠质量。另外,如果幼儿缺乏维生素D或钙等营养物质,也可能会引起多梦、睡眠不安等症状。

4. 习惯性阴部摩擦

幼儿习惯性阴部摩擦是一种常见的问题行为,也称为"儿童擦腿综合征"。这种行为主要表现为幼儿不自主地、不断地或偶尔地触碰自己的身体部位,如腿部、外阴等。

幼儿出现习惯性阴部摩擦的原因可能有很多种,包括心理因素(如焦虑、紧张、好奇等)、生理因素(如局部刺激、过敏等)和环境因素(如缺乏父母的关注、陪伴等)。

(二)幼儿心理性问题行为的类型和表现形式

常见的幼儿心理性问题行为包括口吃症、恐惧症、咬指甲、吸吮手指、挖鼻孔、恋物、黏人、说谎、爱哭泣等。这些问题可能与幼儿的情绪、习惯和焦虑有关,因此家长和教育者应该关注和解决这些问题。同时,幼儿还可能出现分离焦虑、陌生恐惧、睡眠不安、夜惊和梦魇等问题,这些可能与幼儿的心理发育和环境适应有关,需要家长和教育者给予适当的关注和干预。

1. 口吃症

幼儿口吃症的表现通常包括言语节律失调、语音或字句的重复、中断、阻滞而不流利，以及伴有言语助动的动作，如跺脚、拍腿等。具体来说，口吃患儿可能会表现为胆小、退缩、自卑或其他情绪障碍。他们经常出现语音或音节的重复或延长，影响说话的流畅性，但并没有表达内容障碍。在情绪方面，口吃患儿容易因口吃而孤僻、自卑、羞怯等，部分患儿常易兴奋或被激惹，并伴有情绪不稳和睡眠障碍等。

2. 恐惧症

幼儿恐惧症的行为表现包括对某些物体或情境产生强烈、持久的恐惧感，有时恐惧的对象并不具有真实的危险，但幼儿会表现出不合常理的恐惧反应，有些患儿还会出现预期性的焦虑、担心，害怕自己恐惧的事情发生，无法自控内心痛苦。此外，幼儿恐惧症还表现为回避行为，如幼儿有逃离恐惧现场的冲动，回避讨论可能引起恐惧的事情，甚至会害怕他人提及相关话题。要注意的是区别一般的恐惧心理和恐惧症。

3. 咬指甲、吸吮手指、恋物、黏人

幼儿可能会反复出现咬指甲、吮吸手指的行为，甚至在无意识的情况下也会咬指甲，尤其是在睡觉或独处时，可能会在咬指甲的同时伴随着吮吸手指的行为。同时，幼儿可能会对某些物品或人产生过度的依恋和依赖，例如特别喜欢抱着自己的玩具或特别喜欢和某个人在一起。如果无法满足他们的依恋需求，可能会引起他们的焦虑、不安或哭闹等行为。

4. 说谎、爱哭泣

幼儿可能会说谎来掩盖自己的错误或行为，他们可能不明白说谎的严重性，或者希望通过说谎来逃避惩罚。有些幼儿可能会经常哭泣，尤其是在遇到挫折或困难时，可能比较容易感到沮丧或不安，需要通过哭泣来表达自己的情绪。幼儿的说谎和哭泣行为可能不是故意的，而是由于他们的认知能力和情绪管理能力尚未完全发育。

(三)幼儿社会性问题行为的类型和表现形式

常见的幼儿社会性问题行为包括反抗和多动行为、攻击性行为、退缩性行为、依赖行为等。这些问题行为可能与幼儿家庭环境、教育方式、自身性格和社交能力有关，需要家长和教育者给予适当的关注和干预。同时，幼儿还可能出现羞怯、不合群、过度依赖家长等问题，这些可能与幼儿的人际交往能力和情感发展有关，需要家长和教育者提供适当的支持和引导。

1.反抗和多动行为

幼儿的反抗和多动行为是他们在成长过程中的常见问题。这些行为可能表现为对父母的抵触、反抗或不服从，也可能表现为过度活跃、无法安静下来或注意力不集中等。反抗行为是幼儿在成长过程中的必经阶段，通常在孩子一岁左右开始出现，到两岁左右更加频繁和激烈。这是因为在他们语言功能没有发育完善的情况下，不能很好地理解父母的意思，也无法很好地表达自己的感情和需要，所以会表现出故意和父母对着干的行为。

多动行为也是幼儿常见的现象，尤其是在多动症儿童中更为明显。多动症儿童最严重与最常出现的是违规行为和攻击行为，会表现出固执、反抗和攻击性，过度反抗权威人物(如教师和父母)，不守规矩，常通过发脾气和争论来达到其目的，很小的事情就可能使其失去控制。

2.攻击性行为

纪录片《小人国》片段

幼儿攻击性行为是指幼儿以身体或语言方式对他人实施负性行为的一种表现。这种行为通常包括打人、踢人、咬人、抓人、抢夺别人的东西等身体动作，或者用言语方式对他人进行辱骂、贬低、嘲笑等言语攻击。其影响因素之一是幼儿的社交技能和情绪管理能力尚未完全发育，不良的家庭环境、社会环境和教育方式也会导致幼儿的攻击性行为。

3.退缩性行为

幼儿退缩性行为的原因比较复杂，可能与先天素质、教育方式、家庭环境、社会环境等多种因素有关。例如，有些幼儿天生性格内向、胆小、害羞，对新环境和新事物感到不安和恐惧；有些幼儿则是因为受到父母的过度保护和限制，缺乏独立性和自信心；还有些幼儿则是因为生活环境不稳定或不安全，导致他们缺乏安全感。

4.依赖行为

幼儿依赖行为通常表现为对父母或其他熟悉的人或事物产生过度的依赖和依恋，而无法独立地面对生活中的挑战和问题。例如，在生活方面：幼儿不愿意自己穿衣、洗漱、吃饭等，总是等待父母或老师代为完成，而不是尝试自己去做。在学习方面：幼儿不愿意独立思考，而是等待老师或家长的指导和帮助，当遇到困难时，会显得焦虑或无助，缺乏解决问题的能力。在社交方面：幼儿不知道如何与同龄人交往，不会主动融入集体，而是过度依赖成人的引导和支持等。

任务二
常见幼儿问题行为的指导策略

在任务一的案例中，刚入职的李老师发现小明特别好动，经常有拉扯和推搡小朋友、抢夺玩具等行为，认为小明有多动症和攻击性行为，你认为合理吗？

1. 小组讨论，帮助李老师制订一个攻击性行为矫正方案。
2. 当我们发现幼儿有问题行为时该如何处理？

任务准备

1. 物质准备：幼儿行为观察与分析案例、纸和笔。
2. 经验准备：学生在前置课程中已学习幼儿心理学、幼儿教育学理论知识。

工作表单

工作表单1

思考总结

请总结常见幼儿问题行为的指导策略。

常见的方法		基本原理	指导策略
增强行为的常用方法	正强化		
	负强化		
	间歇强化		

续表

常见的方法		基本原理	指导策略
减弱行为的常用方法	消退法		
	惩罚法		
其他矫正行为的方法	榜样法		
	代币制		

工作表单2

思考总结

请思考总结在幼儿园一日活动中可以使用代币制的活动环节。

幼儿园一日活动	具体内容	代币制
入园		+1
……		
离园		+1

任务分析

本任务主要掌握应对幼儿问题行为的有效策略。

学习支持

一、增强行为的常用方法

(一)正强化

正强化是一种心理学概念,它是指通过给予奖励或积极反馈来增加某种行为。这个概念最早由美国心理学家斯金纳提出,他认为人的行为是可塑的,可以通过强化来改变行为。正强化主要是通过给予正面激励来促进正面行为,例如给予表扬、奖励、认可等。这种强化方式可以增加个体在面对类似情况时采取同样行为的概率。

正强化的基本原理是,当一个行为受到正面的强化时,这个行为在将来出现的概率会增加。也就是说,正强化能够激励人们重复那些能够给他们带来积极体验的行为。这种原理可以通过一个简单的例子来解释:如果一个小孩完成作业后得到了父母的夸奖和奖励,那么他们可能会更有动力去完成下一次的作业,因为他们期待再次得到父母的认可和奖励。因此,正强化可以用来培养人们的积极行为习惯和增强自我动机。

(二)负强化

负强化是一种心理学概念,它是指通过减少或消除不愉快、不舒适或痛苦的刺激来增加特定行为。负强化主要是通过消除负面刺激来增强正面行为,例如消除噪声、减少压力等。这种强化方式可以减少个体在面对类似情况时采取不良行为的概率。例如,如果一个孩子因为做家务而避免了被父母批评,那么他们可能会更愿意做家务,因为他们想要避免再次受到父母的批评。因此,负强化可以用来改变不良行为习惯和减少不良行为的出现。

(三)间歇强化

间歇强化是一种心理学概念,它指的是在一定时间间隔内,只有某些特定的行为才会被奖励或惩罚,其余的行为则被忽略。这种强化方式可以增强行为的持久性和稳定性。

间歇强化的基本原理是通过在一定时间间隔内给予强化物来增加或减少特定行为。这种强化方式利用了奖励的不确定性原理,即人们会更加努力地表现出能够带来奖励的行为,或者减少能够带来惩罚的行为,因为奖励或惩罚不是每次都会出现。间歇强化可以通过调整时间间隔和强化物的种类来控制行为的强度和方向,因此它被广泛应用于行为疗法、训练和广告营销等领域。

二、减弱行为的常用方法

(一)消退法

消退法是行为矫正中用于消退不良行为的一种重要方法,消退法是指通过撤销促使某些不良行为的强化因素,从而减少这些行为发生的行为矫正方法。简单地说,就是我们对不良行为不予关注,不予理睬,那么,这种行为发生的频率就会下降,甚至消失。

(二)惩罚法

惩罚法是一种行为矫正方法,它通过给予个体不喜欢的强化物或厌恶刺激,或者撤销个体还在享受的正性强化物,来降低特定行为的发生频率。根据心理学中的定义,惩罚是指当行为者在一定情境或刺激下产生某一行为后,若及时使之承受厌恶刺激(又叫惩罚物)或撤销正在享用的正强化物,那么其以后在类似情境或刺激下该行为的发生频率就会降低。

三、其他矫正行为的方法

(一)榜样法

榜样法就是教育者为幼儿提供特定的行为榜样,进行行为示范,与此同时,幼儿通过对榜样的行为进行观察学习,进而获得或增加良好的行为、减少或消除不良的行为的一种行为矫正方法。

榜样法是一种基于班杜拉社会学习原理的行为矫正方法,它包括行为获得(注意与保持)和模仿操作(复现与动机)两个阶段,行为获得是模仿操作的前提条件。实施榜样法进行行为矫正，就是安排和控制影响行为获得、模仿操作两个阶段的有关因素的过程。

（二）代币制

代币制又称为标记奖酬法，是一种行为治疗方法。它用象征钱币、奖状、奖品等标记物为奖励手段来强化良好行为。在强化幼儿良好行为习惯的活动中，可以累积起来交换别的强化物的条件刺激物就叫作代币，如筹码、盖章的卡片、小红花、代价券、印花、特制塑料等。代币可以用来换取幼儿需要的糖果、玩具、游戏等强化物。当幼儿表现出良好行为时，即可获得相应的一定数量的代币；若幼儿表现出不良行为时，即被扣除已经获得的代币。到一定的时候，幼儿可用手中的代币换取其所希望的奖励。在代币制里，代币本身不具有价值，它的价值隐藏在它所能换取的奖励物里。通过应用代币来帮助幼儿形成符合常规要求的行为习惯和消除不符合常规要求的行为习惯的方法称为代币制。

项目评价

一、小组评价

主题	内容	优秀	良好	一般	较差	很差
学习态度	能准时参加全部课程，按时提交作业，及时查阅教师上传的学习材料	5	4	3	2	1
专业知识	了解幼儿问题行为的类型和表现形式，并能够提出有效的指导策略	5	4	3	2	1
研讨精神	积极参与讨论，对其他人的发言能提出合理的分析和见解	5	4	3	2	1
团队协作	能很好地融入课堂小组讨论，共同推进学习进程	5	4	3	2	1
沟通交流	能够清晰准确地表达自己的观点，与他人交流时态度语气恰当	5	4	3	2	1
人文素养	能够关注幼儿的问题行为，并正确看待幼儿的问题行为	5	4	3	2	1

续表

主题	内容	优秀	良好	一般	较差	很差
信息素养	会检索常见的学前教育专业文献数据库，主动阅读学前教育文献	5	4	3	2	1
实践应用	学习观察分析儿童问题行为并能提出指导策略	5	4	3	2	1
自我小结						

二、小组讨论报告

班级：　　　　　　姓名：　　　　　　讨论日期：

一、讨论主题
二、讨论过程
三、总结与反思

项目小结

本项目主要列举了常见幼儿问题行为的类型、表现形式,并提供了相应的指导策略。常见的幼儿生理性问题行为包括遗尿、遗便、食欲不佳和多梦、睡眠不安、夜惊、习惯性阴部摩擦等;常见的幼儿心理性问题行为包括口吃症、恐惧症、咬指甲、吮吸手指、恋物、黏人、说谎、爱哭泣等;常见的幼儿社会性问题行为包括反抗和多动行为、攻击性行为、退缩性行为、依赖行为等。教育者可以采用正强化、负强化、间接强化等增强行为的方法,也可以采用消退法、惩罚法等减弱行为的方法,还可以采用榜样法和代币制等方法,以此来矫正幼儿的问题行为。

实践实训

在网上查找班杜拉"波波玩偶实验",分组讨论班杜拉的波波玩偶实验说明了什么。

推荐阅读

[1]吕静.儿童行为矫正[M].杭州:浙江教育出版社,1992.

[2]王萍.学前儿童问题行为及矫正[M].北京:清华大学出版社,2013.

[3]冯夏婷.幼儿问题行为的识别与应对:家长篇[M].北京:中国轻工业出版社,2011.

[4]莫源秋.幼儿常见心理行为问题:诊断与教育[M].北京:中国轻工业出版社,2015.

参考文献

［1］侯素雯，林建华．幼儿行为观察与指导这样做［M］．2版．上海：华东师范大学出版社，2019.

［2］谈心．观察幼儿：幼儿教师专业发展的关键［J］．当代学前教育，2009（2）．

［3］赵南．超越观察评价，理解儿童：基本理念、路径与目的［J］．学前教育研究，2017（9）．

［4］王烨芳．学前儿童行为观察与分析［M］．南京：江苏教育出版社，2012.

［5］张燕．在反思中成长［M］．北京：北京师范大学出版社，2007.

［6］李季湄，冯晓霞．《3~6岁儿童学习与发展指南》解读［M］．北京：人民教育出版社，2013.